绿色供热创新：多能源协同性能优化

张玉瑾　著

天津出版传媒集团

天津科学技术出版社

图书在版编目（CIP）数据

绿色供热创新：多能源协同性能优化 / 张玉瑾著
. -- 天津：天津科学技术出版社，2024.3
ISBN 978-7-5742-1862-8

Ⅰ . ①绿⋯ Ⅱ . ①张⋯ Ⅲ . ①供热系统 – 无污染技术
Ⅳ . ①TK17

中国国家版本馆CIP数据核字(2024)第057252号

绿色供热创新：多能源协同性能优化
LÜSE GONGRE CHUANGXIN : DUO NENGYUAN XIETONG XINGNENG YOUHUA

责任编辑：王　彤
责任印制：兰　毅

出　　版：天津出版传媒集团
　　　　　天津科学技术出版社
地　　址：天津市西康路35号
邮　　编：300051
电　　话：（022）23332399
网　　址：www.tjkjcbs.com.cn
发　　行：新华书店经销
印　　刷：河北万卷印刷有限公司

开本 710×1000　1/16　印张 16.25　字数 236 000
2024年3月第1版第1次印刷
定价：98.00元

前　言

在全球范围内，人们正面临着日益增长的能源需求的挑战和日益严峻的环境问题，如气候变化、大气污染和能源资源枯竭等。这些挑战迫使人们寻找创新的方法来满足能源需求，同时减少对环境的不利影响。在这一背景下，绿色供热作为一种可持续的、环保的能源解决方案，引起了广泛的关注和兴趣。人们深刻认识到，当前的能源危机和气候变化问题对全球社会和经济造成了巨大的威胁。当下，人类不仅需要满足不断增长的能源需求，还需要减少碳排放并降低对有限能源资源的依赖。我国明确提出 2030 年"碳达峰"与 2060 年"碳中和"的战略目标。因此，绿色供热技术的发展变得更为重要。本书旨在为读者提供关于绿色供热的实用知识，帮助读者构建绿色供热的知识体系。笔者通过深入研究和详细介绍绿色供热的各个方面，希望能够为政府决策者、工程师、能源专家和投资者提供一个有力的参考，以推动绿色供热技术的发展和应用。同时，笔者希望本书能唤起社会大众对绿色供热的关注，鼓励更多的人参与到可持续能源和环境保护的事业中。

第 1 章"绿色供热概述"概述了绿色供热的基本框架，包括其定义、重要性和发展动态，为后续章节奠定了基础。

第 2 章"热源的选择与优化"深入探讨了各种热源技术，特别是太阳能、地热、空气源热泵技术、废热回收的创新应用，以及将生物质能等其他绿色热源技术融入现代供热系统的方法。

第 3 章"多能源协同供热的基本原理"阐释了多能源系统的组成和协同

机制，以及评估协同效率的方式方法，为实现最优能源利用提供了理论支持。

第 4 章"多能源供热系统的创新设计与建设实践"介绍了多能源供热系统的设计策略和建设实践，强调了安全与环保的重要性。

第 5 章"多能源协同供热的智能控制"展示了智能供热系统的构成和与之相关的最新技术，如数据分析和云计算在多能源供热系统中的应用。

第 6 章"经济、环境与成本效益分析"对多能源供热系统的经济和环境效益进行了分析，并介绍了成本效益模型，为投资者和决策者提供了决策依据。

第 7 章"中国绿色供热的创新实践与案例"通过对国内多个地区的案例的研究，展示了绿色供热技术的实际应用案例和应用效果。

第 8 章"结论与展望"总结了全书内容，并对绿色供热的未来发展进行了展望。

通过本书，笔者希望能够为推动绿色供热技术的发展和应用提供有力的参考，以促进能源和环境的可持续发展。

目 录

第1章 绿色供热概述

绿色供热不仅是一个技术议题，还是一个关乎环境可持续性和能源利用效率的社会议题。当下，减少温室气体排放和提高能源利用效率，已成为全球共识，而绿色供热是实现这些目标的关键途径之一。本章将介绍绿色供热的基本概念、对环境和经济的重要性，以及绿色供热技术的现状与未来趋势。本章将通过对传统供热方式与绿色供热方式的比较，说明绿色供热是如何成为推动能源转型和促进可持续发展的重要力量的。

1.1 绿色供热的概念与意义

绿色供热代表着一种环境友好且高能效的供热方式，其核心在于把对环境的影响降到最低，同时提供稳定和高效的热能供应。在本节中，笔者将探讨绿色供热的基本概念，它如何与可再生能源的利用、废热回收技术以及高效能源管理系统相结合。本节还将阐述绿色供热对减少化石燃料的依赖、降低温室气体排放以及保障能源安全的重要意义。通过对绿色供热的深入理解，读者将认识到其在实现全球能源可持续发展目标中的关键作用。

1.1.1 绿色供热概念

绿色供热是一种旨在通过使用可再生能源、清洁能源、低碳能源和提高能效来减少环境污染和温室气体排放的供热方法。绿色供热不仅关注能源的清

1

洁利用，还涉及整个供热系统的优化，包括能源的采集、转换、分配和使用。这一概念的提出是传统供热模式的重大革新，它鼓励采用先进技术和可持续策略，以取得环境和经济的双重效益。

1.能源效率

能源效率不仅是衡量能源利用效果的标准，还是推动经济发展与环境保护协调统一的重要驱动力。随着可持续发展成为全球共识，提高能源效率已经从单一的节能扩展到了优化能源使用结构和提升能源服务质量方面。在供热领域，能源效率的提升意味着有更少的能量在转换和传输过程中被消耗，也意味着能量在终端用户处的高效使用。

采用高效的供热设备，如冷凝式锅炉、高效热泵等，可以显著降低能源消耗和运行成本。同时，优化供热系统的设计，如采用区域供热系统，可以减少热能在输送过程中的损耗，提高整个系统的能源利用率。应用智能供热管理系统，可以通过精确控制和调节供热量，不仅能提升用户的舒适度，还能进一步提高能源的利用效率。

在宏观层面，提升能源效率能显著缓解能源供需矛盾、降低能源成本。它有助于减轻人们对化石燃料的依赖，降低能源进口压力，巩固能源安全。同时，靠减少能源消耗所带来的能源效率的提升，也意味着温室气体排放的减少，为对抗气候变化提供了有效手段。

提高能源效率并非不会遇到挑战。技术创新需要巨大的研发投入，而现有设施的改造升级则需要政策支持和资金投入。改变用户习惯需要时间和教育培训。因此，提高能源效率是一个系统性工程，需要政府、企业和消费者的共同努力。

在未来，随着技术的进步和政策的推动，能源效率将继续提升。智能化、数字化技术的应用将使供热系统的管理更加精细化，能源数据的实时监测和实时分析将得以实现。新材料和新技术的开发将进一步提高设备的能效标准。而在宏观层面，提升能源效率还是推动绿色经济发展的重要举措，为实现碳中和目标打下坚实的基础。在这一过程中，供热行业的每一次创新和每一项进步，都将为能源效率的提升贡献一份力量，推动构建一个更加清洁、高效的能源未来。

2. 可再生能源利用

可再生能源是比传统化石燃料更清洁、更可持续的能源。随着技术的进步和环境意识的提升,太阳能、风能、水能、地热能、生物质能等可再生能源在全球能源结构中的比重逐渐上升。这些能源几乎取之不尽,用之不竭,这一特点与化石燃料的有限性形成鲜明对比。

在供热领域,可再生能源的利用尤为关键。它不仅能够减少对环境的污染,还能够提供更为稳定和安全的能源供应。例如,太阳能供热系统可以直接将太阳能转化为热能,满足家庭和工业上的能源需求。生物质能来自一种可再生的有机物质,有机物通过燃烧或生化反应转化为热能,用以供热或发电。

可再生能源的利用还带来了经济效益。随着规模的扩大和技术的成熟,可再生能源的成本正在快速下降,这使其在许多情况下比传统能源更经济。可再生能源项目的建设和运营为经济发展创造了大量就业机会,促进了相关产业链的发展。

可再生能源的利用也面临着诸多挑战。例如,太阳能和风能的间歇性和不稳定性要求人们必须有相应的储能系统或备用能源以保证供热的连续性和可靠性。此外,可再生能源项目的前期投资相对较高,需要政府的政策支持和相应的市场激励机制。展望未来,随着人们对减排目标的不断追求和技术的不断进步,可再生能源在供热领域的应用将会更加广泛。智能电网和能源互联网的发展将使可再生能源的集成和管理更加高效,而新材料和新技术的研发将进一步提高可再生能源设备的性能并降低其成本。在这一过程中,人们对可再生能源的持续利用将使能源结构得到不断优化,减少环境污染,提升能源安全,为实现绿色、低碳、可持续的目标作出重要贡献。

3. 环境影响

太阳能供热技术是一种环保的供热方式,主要流程大体上分为两步:第一步,利用太阳能集热器捕获太阳辐射,将其转化为热能;第二步,将获得的热能输送给建筑或工业过程。太阳能供热技术对环境有显著的积极影响。太阳能供热不需要任何燃料,因此不会产生温室气体排放,对减缓气候变化和降低碳排放具有重要作用。太阳能供热可以减少人们对传统能源的需求,降低能源消耗，有助于能源资源的保护。太阳能供热系统还可以分散供热负荷，减轻电网的负担，提高电网稳定性。太阳能供热技术提高了能源的利用效率，减少了能源的浪费，有助于资源的可持续利用。

地源热泵供热技术是另一种环保的供热方式，主要利用地下恒温进行供热。与传统供热方式相比，它对环境的影响相对较小。首先，地源热泵供热不需要消耗燃料，因此不会产生温室气体排放，有助于减缓气候变化。其次，由于其能高效利用能源，地源热泵系统可以减少人们对传统能源的依赖，降低能源消耗。然而，需要注意的是，由于地源热泵供热技术需要进行地下热交换，土壤热环境可能会受到一定影响，因此人们需要科学合理地选择地下热交换方式，以减少对土壤热环境的破坏。

生物质能供热技术将生物质作为燃料进行供热。它对环境的影响主要表现在以下几个方面。首先，生物质能供热技术通过利用生物质作为燃料，可以减少传统供热方式所产生的温室气体排放。生物质燃烧过程中产生的二氧化碳可以通过生物质本身的生长过程被再度吸收，因此温室气体排放较少。其次，生物质能供热可以减少人们对传统能源的需求，降低能源消耗。然而，人们需要合理选择生物质资源，以避免对生物质资源的过度开采，维护生态平衡。

4. 社会经济效益

我国将绿色供暖作为绿色发展、经济转型的重要内容。未来将继续发挥国家战略的引导作用，将推进绿色供暖作为绿色发展、经济转型的一项重要内容，通过引导消费需求升级来推动全国供暖结构的优化；借鉴世界先进住宅发展理念，优化既有供暖结构，实施绿色供暖，促进能源消费结构优化，实现资源环境与社会的协调发展；引导绿色供暖市场需求，鼓励在城市的住宅社区、商业和写字楼、学校和医院、工业园区等场所，农村的家庭住宅与公共场所等采用利用了新能源、新技术的绿色供暖模式。

进一步强化绿色供暖的制度保障。目前，有关部门对绿色供暖产业中的一些产品已经制定了相应的行业标准，但行业标准的管理还有待完善。要加快制定绿色供暖行业标准，鼓励从业企业在研发新产品的同时，根据国家设计、生产、质量等相关领域的标准和要求，制定严格的企业标准体系。支持有实力的企业与相关研究机构合作，研制绿色供暖行业在产品、设计、物流、安装等方面的标准。建立绿色供暖检测监测体系，构建绿色供暖产品监测组织机构，建立责任体系，发挥民间检测认证机构的监督作用。建立完善绿色供暖的相关法规，将绿色供暖纳入安全法规体系，制定详细的检查办法和涉及具体技术指标的行业规章等。

加大绿色供暖技术的培育力度。鼓励和支持绿色供暖企业通过技术创新不断提高产品的保暖和节能减排性能，确保产品使用安全、设计合理。鼓励关键环节创新核心技术，支持已经拥有技术储备的科研机构与企业合作，加速技术成果产业化进程，鼓励有实力的绿色供暖企业创立研发试验室，吸引科研机构合作开发绿色供暖核心技术。设立国家级研发平台。

加快出台支持绿色供暖发展的政策。补贴绿色供暖电价，创新用电计量方式，对家庭和单位的绿色用电实施单独核算，对农村地区和城市公共场所的绿色用电进行政策补贴，对城市居民的绿色用电进行以日间和晚间差异化为主的政策补贴，实行峰谷电价。为绿色供暖提供融资支持，支持绿色供暖中小企业发展。

加大政府购买绿色供暖服务的力度。开展绿色供暖产品下基层活动，拓展绿色供暖市场。在公共设施、福利设施、保障房、小区和公共场所改造项目的施工建设中，中央政府和各级地方政府可以采购室内供暖设备、外墙保温材料、绿色建材等绿色供暖产品，由政府承担农村居民、城市普通居民购买室内绿色供暖设备的全部或部分费用，提供绿色供暖电价单独核算服务，建立绿色供暖知识和信息共享平台，完善绿色供暖产业的认证认可服务。

1.1.2　绿色供热的重要性

绿色供热在应对气候变化、确保能源安全、保护环境以及推动可持续发展方面发挥着关键作用。随着全球气候变化问题日益严峻，采取低碳的绿色供热方式成为减少温室气体排放的有效途径。绿色供热通过减少对化石燃料的依赖，增强能源安全。它对环境影响较小，有助于保护生态系统和改善空气质量。绿色供热作为可持续能源解决方案，对实现全球可持续发展目标至关重要。

1. 气候变化

气候变化是当今世界面临的最严峻的环境挑战之一，它对地球的生态系统、人类社会乃至整个地球环境都有深远的影响。全球气候发生变化主要是由于温室气体，特别是二氧化碳的排放量的增加。这些温室气体主要来自化石燃料的燃烧，具体包括工业生产、交通运输以及家庭和商业供热等。随着全球气温的升高，极端天气事件的发生频率和强度已经开始增加，如热浪、干旱、洪水和飓风等。这些极端天气事件不仅对自然生态系统造成破坏，还对农业生产、水资源管理和人类健康构成严重威胁。此外，气候变化还导致了海平面上升，威胁着低洼地区和沿海城市的安全。

在这种背景下，减少温室气体排放，尤其是二氧化碳的排放，成为全球应对气候变化的重要任务。绿色供热作为一种有效的减排途径，其重要性日益凸显。通过采用太阳能、风能、地热能等可再生能源以及提高能源效率，绿色供热能够显著减少化石燃料的使用和温室气体的排放。绿色供热还能够帮助缓解能源供应的压力，减少对外部能源的依赖，从而保证能源安全。随着技术的进步和成本的降低，绿色供热技术变得越来越有可行性，为减缓气候变化提供了实际可行的解决方案。气候变化是一个全球性问题，需要全球性的解决方案。绿色供热作为减少温室气体排放的有效手段，不仅有助于减缓气候变化的影响，还能够促进可持续发展，提高能源效率，保护环境，为建设一个更加绿色、可持续的未来作出重要贡献。

2. 能源安全

能源安全涉及国家的经济稳定、社会福祉以及国家安全。在传统能源体系中，能源安全主要依赖于稳定的化石燃料（如石油、天然气和煤炭）供应。然而，这些资源分布的不均和供应的不确定性，加上价格波动和地缘政治风险，使依赖化石燃料的能源体系的维持面临着挑战。

随着全球对能源安全关注度的日益提高，绿色供热技术作为一种替代方案受到了广泛关注。绿色供热主要依赖于可再生能源，如太阳能、风能和地热能，这些能源普遍存在于自然界中，分布广泛，且基本上是无限供应的。利用开发这类能源，降低了人们对单一能源供应的依赖，从而降低了能源供应中断的风险，巩固了能源安全。

绿色供热技术的本地化特性也有助于提高能源的安全性。与依赖远程输送的化石燃料不同，可再生能源可在使用地附近产生，降低了长距离运输的需要并规避了相关风险。这种本地化的能源生产方式不仅提高了能源供应的稳定性，还有助于保护能源基础设施免受外部干扰。

绿色供热技术的发展和应用还有助于降低人们对进口能源的依赖程度，特别是对能源资源匮乏的国家，是一个重要的战略选择。通过发展本地的可再生能源资源，这些国家可以减少对外部能源市场的依赖，从而提高能源方面自给自足的能力。

随着全球能源市场的不断变化和新技术的不断发展，绿色供热技术的成本正在逐渐降低，经济性逐渐增强。这不仅使绿色供热技术成为一种经济上可行的能源解决方案，还有助于减轻能源成本的波动对经济的影响，进一步巩固了能源安全。

3. 环境保护

环境保护是当今世界面临的一项重大挑战，尤其是在能源生产和消费领域。传统的供热方式，主要依赖于化石燃料，如煤炭、石油和天然气，燃烧过程会产生大量的温室气体和其他污染物，对环境造成严重影响。绿色供热技术的发展和应用，特别是利用可再生能源和提高能源效率方面的技术进步，对保护环境有重要意义。

绿色供热技术通过减少化石燃料的使用，显著降低了温室气体的排放量。这些温室气体，尤其是二氧化碳，是导致全球气候变化的主要因素。通过采用太阳能、风能、地热能等可再生能源，以及提高供热系统的能源效率，人们可以有效减少温室气体的排放，从而减缓全球气候变化并降低其影响。

绿色供热技术还有助于减少空气污染。化石燃料的燃烧不仅会产生二氧化碳，还会释放硫化物、氮氧化物、颗粒物等有害物质，这些污染物对人类健康和环境质量有严重威胁。例如，颗粒物可能导致呼吸系统疾病的发生，氮氧化物和硫化物则可能导致酸雨的形成，对水体和土壤造成污染。绿色供热技术通过减少化石燃料的使用，有效降低了这些污染物的排放。

绿色供热技术对生态系统的影响较小。化石燃料的开采和运输往往会对生态环境造成破坏，如煤矿开采可能导致土地退化、石油运输可能引发海洋污染等。而可再生能源，如太阳能和风能，其开采和利用过程对自然环境的干扰相对较小，有助于保护生态系统。

绿色供热技术的发展还促进了能源的循环利用和废物的减少。例如，对生物质能源的利用可以将农业废物转化为能源，不仅提供了清洁的供热能源，还减少了废物的排放和农业废物对环境的污染。此外，废热回收技术可以提高能源利用效率，减少能源浪费，进一步降低对环境的影响。

4. 可持续发展

可持续发展指在满足当代人的需求的同时，不损害后代人满足其需求的能力。在能源领域，可持续发展意味着人们必须找到一种既能满足当前社会对能源的需求，又能保护和维护自然环境，以便未来世代也能享受这些资源的能源利用方式。绿色供热技术在推动可持续发展方面起着至关重要的作用。

绿色供热技术可以通过利用可再生能源和提高能源效率，降低人们对有限且对环境有害的化石燃料的依赖。化石燃料不仅是非可再生资源，还会在开采和使用过程中产生大量温室气体和其他污染物，对环境造成严重破坏。相比之下，太阳能、风能、地热能等可再生能源几乎是无限的，在转化为热能的过程中也几乎不会产生污染。因此，绿色供热技术的推广有助于减少对有限资源的消耗，同时保护环境，符合可持续发展的原则。

绿色供热技术还有助于提高能源效率，减少能源浪费。传统的供热系统往往效率不高，大量能源在转换和传输过程中被浪费。而现代的绿色供热技术，如高效热泵系统、智能供热控制系统等，能够更有效地利用能源，减少能源消耗。这不仅有助于降低供热成本，还减少了能源需求，从而减轻了环境负担。

绿色供热技术的发展还与社会经济的可持续发展密切相关。随着环境问题的日益严重，越来越多的国家和地区开始寻求低碳、环保的能源解决方案。绿色供热技术的发展为这些地区提供了新的经济增长点。例如，太阳能和风能供热项目的建设不仅可以创造就业机会，还可以带动相关产业的发展，如制造业、建筑业和服务业等。此外，随着技术的进步和规模的扩大，绿色供热技术的成本正在逐渐降低，成为越来越多人可负担的供热方式。

绿色供热技术的发展还有助于提高社会的环境意识。随着绿色供热技术的普及，越来越多的人开始意识到环保和节能的重要性。这种意识的提高有助于推动社会向更加可持续的发展方向转变，不仅在供热领域，还包括其他方面，如交通、工业、农业等。

1.1.3 绿色供热的技术进步

绿色供热领域的技术进步及其背后的动力主要来源于四个关键因素：创新技术，的发展、政策的驱动力、市场的成熟发展以及国际合作的加深。创新技术，如高效热泵和智能供热系统的出现，极大地提升了绿色供热的可行性和效率。政策驱动，包括政府的补贴和法规，为绿色供热技术的研发和推广提供了强有力的支持。市场的成熟发展为绿色供热技术提供了广阔的应用场景和商业机会。最后，国际合作在技术交流、资金支持和经验分享方面发挥了重要作用，加速了绿色供热技术的全球普及。

1. 创新技术

绿色供热领域的创新技术正在经历一个前所未有的发展时期，这些技术的进步对推动能源转型和实现环境可持续性目标至关重要。这些技术的核心在于提高能源效率，减少环境影响，并通过创新的方式利用可再生能源。

高效热泵系统是绿色供热技术创新的一个典型例子。这种系统能够从环境中提取热量，即使在外部温度较低的情况下也能有效工作。与传统的供热系统相比，热泵系统能够以更低的能耗提供相同或更高的热量输出，显著提高了能源利用效率。此外，随着技术的进步，热泵的成本正在逐渐降低，成为更多消费者和企业的选择。

智能供热控制系统也是绿色供热技术的一项重要创新。这一系统利用先进的传感器和控制技术，实时监控和调整供热系统的运行，以确保最高效率运行。通过精确控制供热量和时间，智能供热系统能够减少能源浪费，同时保持舒适的室内温度。此外，这些系统通常可以远程控制，为用户提供更大的便利性和灵活性。

太阳能供热技术也在不断进步。现代太阳能集热器的效率比过去高得多，在严酷的气候条件下也能有效工作。太阳能供热系统可以直接利用太阳能来加热水或空气，为住宅和商业建筑提供热能。这些系统不仅减少了对化石燃料的依赖，还几乎没有运行成本，是一种极具吸引力的绿色供热解决方案。

地源热泵供热技术也在不断发展。通过利用地下的恒温特性，地源热泵系统能够提供稳定且高效的热能。这类系统特别适合于需要长期稳定供热的情况，如住宅供热和工业过程。随着钻探和热交换技术的进步，地源热泵供热的应用范围和效率都在不断提高。

2. 政策驱动

政策驱动在推动绿色供热技术的发展和普及中扮演着重要角色。政府和监管机构通过制定和实施各种政策、法规和激励措施，可以为绿色供热技术的研发、部署和市场接受创造有利条件。这些政策不仅直接影响技术的研发方向，还在很大程度上决定了这些技术的市场竞争力。

环境保护和气候变化应对政策是推动绿色供热技术发展的主要政策驱动力之一。政府通过设定温室气体排放目标和实施碳定价机制，可以为减少化石燃料依赖和提高能源效率提供强有力的支持。这些政策促使企业和研究机构投入更多资源开发低碳供热技术，如高效热泵、太阳能供热和地源热泵供热等。

财政激励措施，包括补贴、税收优惠和低息贷款，也是推动绿色供热技术发展的关键因素。这些措施降低了应用绿色供热技术的初始成本，使其对消费者和企业更具吸引力。例如，政府可以提供补贴来支持热泵系统的安装，或者为使用太阳能供热的住宅提供税收减免。这些政策不仅能刺激绿色供热技术的市场需求，还能促进相关产业的规模化生产和成本的降低。

政府还可以通过规范建筑标准和能效要求来推动绿色供热技术的应用。新建筑和翻新项目必须遵守严格的能效标准，这直接推动了高效供热系统的普及。例如，许多国家和地区要求新建筑必须安装高效的供热和冷却系统，或使用一定比例的可再生能源供热。这些规定不仅提高了建筑的能源效率，还为绿色供热技术提供了广阔的应用市场。

政府还能通过支持研发和技术创新来推动绿色供热技术的进步。政府资助的研究项目和技术创新基金能为开发新的供热技术提供资金支持。这些项目往往专注于解决技术开发中的关键挑战，如提高热泵的效率或降低太阳能供热系统的成本。这些研发活动的开展可以推动绿色供热技术不断进步，为实现更高效、更环保的供热奠定基础。

3. 市场发展

随着全球可持续和环境保护意识的增强，绿色供热技术的市场需求正在逐渐增长。这种需求的增加不仅来自政府和公共部门的环保政策，还源于消费者和企业对节能、减排和可持续发展目标的日益关注。这种市场转变正在推动绿色供热技术逐渐主流化。

在市场发展的推动下，绿色供热技术正经历着快速的革新和成本降低过程。例如，太阳能供热和地源热泵供热技术在过去几年中取得了显著的技术进步，效率的提高和成本的降低使这些技术更具市场竞争力。此外，热泵技术的发展也为绿色供热提供了新的解决方案，特别是对气候温和的地区而言。随着技术的进步和规模化生产，绿色供热技术的成本正在逐渐降低，这使其成为更多消费者和企业的选择。

市场发展还带动了相关服务和基础设施的建设。随着绿色供热技术的普及，提供安装、维护等相关服务的行业也随之发展。这不仅为经济创造了新的就业机会，还为绿色供热技术的长期运行和维护提供了支持。同时，基础设施的建设，如供热管网和能源存储系统的建设，也正在逐步完善，这为绿色供热技术的更广泛应用奠定了基础。市场发展还促进了绿色供热技术的国际化和全球化。随着全球对气候变化和可持续发展的关注，绿色供热技术正在成为国际合作和贸易的重要领域。许多国家和地区正在积极推广绿色供热技术，并通过国际合作交流经验和技术。这种国际化趋势不仅加速了技术的传播和应用，还促进了全球绿色供热市场的形成。

4. 国际合作

随着全球对气候变化和可持续发展关注的日益增加，各国政府、国际组织、科研机构和企业之间的合作成为促进绿色供热技术创新和应用的关键途径。这种跨国界的合作不仅有助于人们共享知识和经验，还能加速技术的研发和推广，从而让人们更有效地应对全球性的环境和能源挑战。

在国际合作的框架下，各国能够共同研究和开发更高效、更经济的绿色供热技术。通过共享研究成果和技术创新，各国可以避免重复劳动，加快技术的进步。例如，欧洲、北美和亚洲的一些国家在地源热泵供热、太阳能供热和热泵技术等领域已经取得了显著成就，这些技术和经验的共享对其他国家来说是极其宝贵的。

国际合作还有助于人们制定统一的标准和规范，这对于绿色供热技术的推广和应用至关重要。统一的标准不仅可以确保技术应用的质量和安全性，还方使不同国家和地区之间进行技术兼容和互操作。通过国际合作，人们可以建立起一套共同的技术标准和认证体系，从而促进绿色供热技术的国际贸易和市场发展。

国际合作还包括资金和资源的共享。许多发展中国家由于资金和技术限制，难以独立发展绿色供热技术。国际合作可以为这些国家提供必要的技术支持和资金援助，帮助它们建立起自己的绿色供热系统。通过国际资金的支持，人们可以在全球范围内推广绿色供热技术，特别是在那些资源有限的地区。国际合作还能促进经验的交流。不同国家在推广绿色供热技术的过程中都会积累丰富的经验和教训，这些经验的交流对制定有效的政策和策略至关重要。通过组织开展国际研讨会、会议和工作组，各国可以交流自己的成功经验和面临的挑战，共同探讨如何更有效地推广和应用绿色供热技术。

1.1.4　绿色供热的未来趋势

绿色供热的未来趋势，涵盖技术预测、政策趋势、市场潜力以及研究方向四个方面。随着技术的不断进步和创新，绿色供热技术将变得更加高效和经济。政策方面，预期会有更多支持可持续能源的政策出台。随着公众对环境保护意识的提高和绿色能源需求的增加，绿色供热市场预计将迎来快速增长。此外，研究方向将聚焦于提高能源效率、降低成本和环境影响以及开发新的供热技术等。

1. 技术预测

技术预测在绿色供热领域扮演着重要角色，它不仅指引着未来的研发方向，还能为政策制定和市场投资提供重要依据。随着全球对可持续发展和环境保护的日益重视，绿色供热技术的发展也在快速变革。在这一背景下，技术预测就成了描绘未来供热系统发展蓝图的关键工具。

当前，绿色供热技术的发展趋势主要集中在提高能源效率、降低成本和减少环境影响这几方面。例如，太阳能供热技术和地源热泵供热技术领域，人们正在通过技术创新来实现更高的能源转换效率，达到更广泛的应用范围。同时，随着材料科学和工程技术的进步，相关技术的应用成本正在逐渐降低，这使它们在更多地区和应用场景中变得经济可行。

在未来，人们预计将看到更多创新技术的出现。例如，集成多种可再生能源的供热系统可能会成为主流，这种系统能够根据不同的环境条件和能源可用性，灵活地调整能源使用策略。此外，智能化技术的应用也将在绿色供热领域扮演重要角色。通过使用先进的传感器、数据分析和机器学习算法，供热系统能够实现更精确的能源管理和控制，从而提高能源效率和用户体验。

另一个值得关注的发展方向是供热系统的小型化和模块化。这种设计理念使供热系统变得更加灵活和可扩展，能够适应不同规模的建筑和社区。小型化的供热单元可以根据需求进行快速部署和调整，而模块化设计则使系统的维护和升级变得更加容易。

环境影响方面，未来的绿色供热技术将更加注重减少温室气体的排放和其他环境污染。随着全球对气候变化关注的加深，供热系统的碳足迹将成为衡量其环境友好性的一个重要指标。因此，开发低碳或零碳排放的供热技术将成为研发的重点。此外，循环经济的理念也将被更广泛地应用于供热系统的设计和运营中，人们可以通过优化资源使用和废物回收的方式，实现更加可持续的供热解决方案。

2. 政策趋势

在绿色供热领域，政策趋势对技术发展和市场推广起着重要作用。全球范围内，政府对于绿色能源和可持续发展的重视日益增强，这直接推动了绿色供热相关政策的制定和实施。未来的政策趋势将更加倾向于支持和促进绿色供热技术的研发、应用和普及。

保护环境和应对气候变化是驱动这些政策变化的主要原因。随着全球气候变化问题的加剧，减少温室气体排放成为各国政府的共同目标。绿色供热作为减少建筑能耗和碳排放的有效途径，受到政府的高度重视。许多国家已经开始制定和实施旨在减少建筑能耗和提高能源效率的政策，这些政策不仅包括对绿色供热技术的研发和应用的直接支持，还包括对传统供热方式的限制和调整。

政策趋势还表现在对绿色供热技术的经济激励上。为了促进绿色供热技术的普及和应用，许多国家提供了各种形式的财政补贴、税收优惠和贷款支持。这些经济激励措施极大地降低了绿色供热技术的初期投资成本，提高了其市场竞争力。同时，各国政府还通过设立能效标准和认证体系，鼓励建筑业和供热行业采用更高效的供热技术。

国际合作也是未来政策趋势的一个重要方面。随着全球对可持续发展目标的共识的加深，各国政府在绿色供热领域的国际合作日益增多。这种合作不仅包括技术交流和共享，还包括在政策制定和实施方面的协调和合作。通过国际合作，各国可以共同推动绿色供热技术的发展，共享最佳实践，同时协调政策以避免市场分割和标准不一致。

政策趋势还体现在对公众意识和教育的重视上。政府逐渐认识到，提高公众对绿色供热和可持续发展的认识是推动技术普及和市场发展的关键。因此，越来越多的政策开始通过公共教育和宣传活动提高公众对绿色供热技术的认识和接受度。通过这些活动，政府希望能够激发公众对绿色供热技术的兴趣和需求，从而进一步推动技术的普及和应用。

3. 市场潜力

绿色供热的市场需求预计在未来几十年内将显著增长，这主要得益于全球对可持续能源解决方案的不懈追求和对环境保护的重视。随着气候变化问题的加剧和化石燃料资源的逐渐枯竭，绿色供热技术作为一种可持续的能源解决方案，其市场需求正在迅速增长。这种需求不仅来自新建筑的供热需求，还来自现有建筑供热系统的改造和升级。

绿色供热市场的增长也受政策支持和技术进步的推动影响。各国政府为了实现减排目标和提高能源效率，纷纷出台了一系列支持绿色供热技术发展和应用的政策。这些政策包括提供财政补贴、税收优惠、贷款支持等，可以降低绿色供热技术的初期投资成本，提高其市场竞争力。同时，技术的不断进步也在降低绿色供热系统的成本，提高其性能优势，这进一步增强了绿色供热市场的吸引力。

公众的环境保护意识和可持续发展意识的不断提高，也是推动绿色供热市场增长的一个重要因素。随着人们对气候变化和环境问题的关注日益增加，越来越多的消费者和企业开始寻求绿色、低碳的供热解决方案。这种市场需求的增长促使更多的企业投入绿色供热技术的研发和市场推广，形成了一个良性循环。

绿色供热市场的潜力还体现在其广泛的应用领域方面。除了传统的住宅和商业建筑供热，绿色供热技术还可以应用于工业供热、农业温室供热等多个领域。随着技术的不断进步和成本的进一步降低，绿色供热技术在这些领域的应用将越来越广泛。

国际合作和全球市场的一体化也为绿色供热市场的增长提供了机会。随着全球对可持续发展目标的共识不断加深，各国在绿色供热领域的国际合作日益增多。这种合作不仅包括技术交流和共享，还包括市场和政策的协调。通过国际合作，绿色供热技术可以更快地在全球范围内推广，形成更大的市场规模。同时，全球市场的一体化也使绿色供热技术和产品可以更容易地进入不同国家和地区的市场，这进一步扩大了绿色供热市场的潜力。

4. 研究方向

绿色供热领域的研究方向也在快速拓展，以应对全球能源和环境挑战。它不仅包括技术的创新和优化，还涉及政策制定、市场机制以及与其他能源系统的整合等多个层面。随着技术进步和全球对可持续能源需求的增加，绿色供热的研究正变得越来越深入和多元化。

技术创新是绿色供热研究的核心。这包括提高现有绿色供热技术的效率和可靠性，如太阳能供热、地源热泵供热、生物质能供热等。同时，研究者也在探索新的绿色供热技术，如利用先进材料和设计来提高能源捕获和转换效率。此外，人们还在研究如何将这些技术更好地集成到现有的供热系统中，以及如何设计更高效的热能存储系统，以便在供热需求低时存储能量，并在需求高时释放。

政策研究也是绿色供热研究的一个重要方向。政策制定者需要了解如何通过政策工具促进绿色供热技术的发展和应用。这包括研究各种激励措施，如补贴、税收优惠以及碳交易等，还包括研究这些政策对市场和技术发展的影响。同时，政策研究还需要考虑如何确保绿色供热技术的普及不会对社会经济产生负面影响，特别要考虑到对低收入群体的影响。

对市场机制的研究也是绿色供热领域的一个关键研究方向。这涉及如何构建有效的市场结构和机制，以促进绿色供热技术的投资和应用等内容。这包括研究如何设计和实施有效的市场激励措施，如绿色供热认证、绿色供热标准以及绿色供热产品的市场推广策略等。人们还需要研究如何通过市场机制促进技术创新和降低成本，以及如何确保市场竞争的公平性。

绿色供热与其他能源系统整合的研究也逐渐受到重视。随着能源系统变得日益复杂，绿色供热系统需要与电力系统、交通系统以及其他能源系统有效整合，以实现能源的最优配置和使用。这包括研究如何设计和实施多能源系统，如何通过智能控制和数据分析优化能源使用方式，以及如何通过系统整合提高能源效率和技术稳定性。

1.2　绿色供热的现状与趋势

在这一节中，笔者全面审视了全球绿色供热的发展现状，并对其未来趋势进行了深入分析。首先，探讨了全球范围内的绿色供热现状，包括发达国家和发展中国家的进展、国际组织的作用以及技术转移的情况。接着，特别关注了中国在绿色供热领域的发展，涵盖政策环境、技术成熟度、产业布局及具体案例研究等维度。本节还预测了绿色供热的发展趋势，包括技术、市场、政策和环境趋势。最后展望了绿色供热的未来，探讨了创新动力、投资潜力、教育与培训的重要性，以及跨界合作的潜在价值。

1.2.1　全球现状

本部分将深入探讨绿色供热技术在全球范围内的应用和发展。首先，笔者将分析发达国家在绿色供热领域的先进实践和领先地位，然后探讨发展中国家在采纳和实施绿色供热技术方面的挑战与机遇。笔者还考察了国际组织在推广绿色供热技术方面的作用，以及技术转移对全球绿色供热发展的影响。本部分旨在提供一个全面的视角，展现绿色供热在全球范围内的发展现状和趋势。

1. 发达国家

在绿色供热领域，发达国家的领先优势和创新能力令人瞩目。这些国家通过一系列先进技术和政策措施，成功地将绿色供热技术融入能源系统中，为全球绿色能源转型提供了宝贵的经验和较为成熟可行的模式。

发达国家在绿色供热技术的研发和应用方面处于前沿。例如，欧洲国家广泛采用太阳能供热、地源热泵供热和生物质能供热等技术。这些技术不仅帮助这些国家减少了对化石燃料的依赖，还显著降低了温室气体排放，有助于人们实现碳中和目标。在技术创新方面，发达国家的研究机构和企业不断为推出更高效、更环保的供热解决方案而努力，如研发高效热泵系统和智能供热控制技术，这些技术的应用大大提高了能源利用效率。

除了技术创新，发达国家在制定和实施绿色供热相关政策方面也积累了很多经验。许多国家通过立法和政策支持，鼓励民众和企业选择绿色供热技术，如落实政府补贴、税收优惠和绿色信贷等措施，这些都有效促进了绿色供热技术的普及和应用。此外，一些国家还设立了严格的环境标准和排放限制，推动供热行业向更清洁、更可持续的方向发展。

在国际合作方面，发达国家积极参与全球绿色供热技术的交流和合作。通过国际会议、技术展览和合作项目，这些国家分享了他们在绿色供热领域的经验和技术，促进了绿色供热技术在全球的发展和普及。同时，一些发达国家还通过技术援助和资金支持，帮助发展中国家提升应用绿色供热技术的能力。发达国家在绿色供热领域的作用不仅体现在技术创新和政策支持上，还体现在推动全球绿色供热技术的合作和交流上。它们的经验和做法为全球绿色供热的发展提供了宝贵的借鉴和启示。

2. 发展中国家

在全球绿色供热转型的背景下，发展中国家面临着独特的挑战和机遇。发展中国家通常资源丰富，但技术和资金方面的限制使它们在绿色供热领域的发展水平参差不齐。然而，这些挑战也催生出创新性和适应性更强的解决方案，为全球绿色供热的发展贡献了新的视角和实践。

发展中国家在推进绿色供热方面获得了显著成就。许多国家已经开始利用本土的可再生能源，如太阳能、风能和生物质能，来获取清洁、可持续的供热服务。例如，一些拥有丰富太阳能资源的国家正在大力推广太阳能供热系统，这样不仅能减少对传统化石燃料的依赖，还有助于减少环境污染和温室气体排放。

发展中国家在绿色供热领域的发展也面临着一系列挑战。资金短缺是一个主要障碍，许多国家在投资绿色供热技术的研发和推广方面缺乏足够的财政支持。如何进行技术转移和本土化也是关键问题。虽然许多先进的绿色供热技术在发达国家已经得到广泛应用，但它们在发展中国家的实际应用仍面临适应性和成本效益方面的挑战。

为了克服这些挑战，发展中国家正在采取多种措施。政府层面，许多国家制定了支持绿色供热的政策和规划，如提供财政补贴、税收优惠和技术支持等激励措施。同时，国际合作在这一过程中发挥了重要作用。通过与发达国家和国际组织的合作，发展中国家获得了技术转移、资金援助和专业培训，这些都有助于提升本土的绿色供热技术能力和市场潜力。

社会创新和社区参与也在发展中国家的绿色供热发展中扮演了重要角色。一些国家通过鼓励社区参与和启动小规模的分布式供热项目，成功地将绿色供热技术融入当地的社会和经济结构中。这种自下而上的方法不仅提高了绿色供热技术的接受度，还促进了社会和经济的可持续发展。

3. 国际组织

国际组织不仅为各国提供了一个共同讨论和解决全球供热问题的平台，还在技术支持、政策制定、资金援助和知识共享等方面发挥着重要作用。国际组织正在通过这些努力，帮助各国建设更加清洁、高效和可持续的供热系统。

国际组织在绿色供热领域的工作主要集中在几个关键领域。它们通过研究和报告提供关于绿色供热技术和政策的最新信息和趋势分析。这些研究不仅帮助政策制定者和行业领导者了解全球供热市场的现状和未来发展方向，还能为他们制定有效的策略和政策提供科学依据。

通过组织国际会议、研讨会和培训项目，这些组织可以为来自不同国家的专家和决策者提供交流经验和最佳实践的机会。这种跨国界的合作有助于加速绿色供热技术的全球普及和应用。许多组织设立了专门的基金和贷款项目，为发展中国家和过渡经济体的绿色供热项目提供资金支持。这些资金不仅可以帮助这些国家克服技术和财政方面的障碍，还能促进绿色供热技术的研发和推广。同时，国际组织还会通过与各国政府合作，帮助它们制定和实施有效的绿色供热政策和规划。通过各种媒体和组织公共活动，这些组织也在努力提高公众对绿色供热重要性的认识，并鼓励他们参与到绿色供热的推广和实践中。这种广泛的社会参与对实现全球供热系统的可持续转型十分重要。

4. 技术转移

随着全球对可持续能源解决方案需求的日益增长，技术转移成了促进普及和应用绿色供热技术的关键驱动力。这一过程不仅涉及先进技术的传播，还包括知识、技能和经验的共享，以帮助不同国家和地区提高供热系统的能效和环境友好性。

技术转移的核心在于将先进的绿色供热技术从研发领先的国家和地区引入那些技术较为落后的地区。这一过程通常涉及多个参与方，包括政府、国际组织、私营企业以及研究机构。通过这些参与方的合作，人们可以有效地将先进技术、管理经验和操作知识传递给需要这些资源的国家和地区。

技术转移的成功与否在很大程度上取决于是否有合适的政策和制度框架。这包括为是否技术转移创造了有利的政策环境，如提供财政激励、建立知识产权保护机制以及制定有利于技术引进和本地化的法规等。此外，建立有效的合作机制也是技术转移成功的关键，这包括组织跨国界的合作项目、双边和多边协议以及国际合作网络。技术转移不仅仅是简单的技术移植，还需要考虑到接受国家或地区的具体情况。这意味着技术转移过程中人们需要对技术进行适当的调整和本地化，以确保其能适应当地的气候、经济、社会和文化条件。此外，技术转移还应包括能力建设和培训活动，以确保接受技术的国家或地区能够有效地使用和维护这些技术。技术转移的另一个重要方面是促进绿色供热技术的创新和进一步发展。通过国际合作，不同国家和地区可以共享研发成果，加速新技术的开发和应用。这种合作不仅有助于提高系统的供热效率和环境性能，还能推动绿色供热技术的持续创新和改进。

1.2.2 中国的发展现状

本部分将深入探讨中国绿色供热领域的发展现状。首先，笔者将分析中国绿色供热方面的政策环境，探讨政府如何通过法规、政策激励和支持来促进这一领域的发展。然后，笔者将评估中国绿色供热技术的成熟度，包括技术创新和应用的现状，还将通过考察中国绿色供热产业的布局，分析其地理分布、主要参与者和市场动态。通过具体的案例研究，笔者将展示中国在绿色供热方面的实际应用和成效，为读者提供具体的实践参考。

1. 政策环境

近年来，中国政府高度重视能源结构的优化和环境保护，因此在政策层面采取了一系列措施以推动绿色供热技术的发展和应用。这些政策不仅涵盖了技术研发和推广的方方面面，还包括了财政补贴、税收优惠、价格政策和市场准入等方面，为绿色供热的发展提供了坚实的政策支持和良好的市场环境。

政府的支持主要体现在对绿色供热技术研发和推广的投资上。通过设立专项基金、提供研发补贴和税收减免等方式，政府鼓励企业和研究机构进行技术创新和应用推广。这些政策有效地降低了企业的研发成本和良好的市场风险，激发了企业的创新活力和市场活力。政府还通过制定相关标准和规范，引导和规范市场发展。例如，政府对绿色建筑和供热系统的能效标准、环保标准等进行了明确规定，确保了绿色供热技术的可持续健康发展。同时，政府还通过实施差别化的电价和热价政策，对使用绿色供热技术的用户给予价格优惠，进一步推动了绿色供热技术的市场应用。在政策实施方面，中国政府采取了地方试点和逐步推广的策略。通过在不同地区开展绿色供热试点项目，政府积累了宝贵的实践经验，并根据试点结果不断优化和调整政策措施。这种由点到面的推广方式，不仅确保了政策的有效性，还为绿色供热技术的大规模应用奠定了坚实基础。

2. 技术成熟度

在中国绿色供热领域，技术成熟度的提升是推动行业发展的关键因素之一。近年来，随着科技进步和创新能力的增强，中国在绿色供热技术方面取得了显著成就，这些技术不仅在理论上日趋成熟，还在实际应用中也带来了良好的供热效果，并展现出了可靠性。

中国在绿色供热技术的多个方面都有所突破。例如，在太阳能供热、地源热泵供热、生物质能供热等领域，中国的技术水平已经达到或接近国际先进水平。这些技术的成熟不仅体现在效率和成本方面，还体现在更好的环境适应性和更长的使用寿命上。

太阳能供热技术作为一种清洁、可再生的供热方式，在中国得到了广泛应用。通过不断的技术创新和优化，中国的太阳能供热系统在热效率和稳定性方面有了显著提升，能够适应不同地区的气候条件和用户需求。同时，随着生产成本的降低和市场规模的扩大，太阳能供热系统的普及率也在不断提高。

地源热泵供热技术在中国也取得了重要进展。中国拥有丰富的地热资源，通过技术创新和工程实践，地源热泵供热在一些地区已成为主要的供热方式。地源热泵系统不仅能有效减少对化石燃料的依赖，还能显著降低供热成本和环境污染。

生物质能供热技术在中国也得到了快速发展。生物质能作为一种可再生能源，具有原料来源广泛和成本较低的特点。中国在生物质能供热技术方面的研究和应用近年来不断深入，已经开发出多种高效、环保的生物质能供热系统，这些系统在农村地区和一些工业企业中得到了广泛应用。

3. 产业布局

中国绿色供热产业的布局体现了国家对可持续发展和环境保护的重视。这一产业布局不仅考虑了地理和气候因素，还充分考虑了经济、社会和技术发展的实际情况，旨在实现能源的高效利用和环境的可持续保护。

在中国广阔的地域中，绿色供热产业的布局呈现出明显的区域特征。北方地区，尤其东北和华北地区，由于冬季寒冷，传统的供热方式主要依赖于煤炭燃烧，这导致了严重的空气污染问题。为了解决这一问题，中国政府大力推动绿色供热项目，如天然气供热、电供热和地源热泵供热等，这些项目在减少空气污染和提高供热效率方面取得了显著成效。

在南方地区，由于冬季相对温暖，供热需求较低。但随着经济的发展和生活水平的提高，人们对舒适、环保的供热方式的需求日益增长。因此，太阳能供热、空气源热泵等绿色供热技术在这些地区得到了快速发展，这些技术不仅能满足供热需求，还能有效减少能源消耗和环境污染。

在西部地区，由于地理环境和经济条件的限制，绿色供热产业的发展面临着更多挑战。政府通过政策扶持和技术创新，积极推动生物质能供热、太阳能供热等绿色供热技术在这些地区的应用，以促进当地经济的可持续发展和环境的改善。

除了地理和气候因素，中国绿色供热产业的布局还与技术创新和产业升级有很大关系。政府和企业通过产业政策和研发投入，不断推动供热技术的创新和应用，如智能供热系统、高效热泵技术等。这些技术的发展和应用不仅提高了供热效率，还促进了相关产业的发展，如智能制造、新材料等。

1.2.3 发展趋势预测

绿色供热行业的发展趋势预测是一种多维度的考量，涉及技术、市场、政策和环境等多个方面。随着全球对可持续发展和环境保护意识的增强，绿色供热行业迎来了前所未有的发展机遇。

1. 技术趋势

技术趋势方面，预计未来几年内，绿色供热技术将继续向高效率、低排放方向发展。新型供热技术，如地源热泵供热、空气源热泵、太阳能供热等，将得到更广泛的应用。同时，智能化技术的融入将使供热系统更加高效和节能。例如，通过物联网技术实现的远程监控和智能调控，将大幅提升供热系统的运行效率和用户体验。此外，集成化和模块化设计的供热系统也将成为主流，以适应不同地区和用户的个性化需求。

2. 市场趋势

市场趋势方面，随着环保意识的提升和政策的推动，绿色供热市场将持续扩大。消费者对绿色、环保的供热方式的需求日益增长，将促使更多企业投入绿色供热技术的研发和市场推广中。同时，随着技术的成熟和成本的降低，绿色供热产品将更加普及，市场竞争也将更加激烈。

3. 政策趋势

政策趋势方面，为降低企业和消费者的成本负担，鼓励绿色供热技术的研发和应用，预计各国政府将继续出台更多支持绿色供热的政策措施，这些政策可能包括税收优惠、补贴、绿色信贷等。同时，政府也可能制定更严格的环保标准和法规，以促进供热行业的绿色转型。

4. 环境趋势

环境趋势方面，随着全球气候变化的加剧和环境污染问题的日益严重，绿色供热将成为应对气候和环境挑战的重要手段。绿色供热不仅能有效减少温室气体排放，还能改善空气质量，保护生态环境。因此，从环境保护的角度出发，绿色供热的发展也将得到更多关注和支持。

1.2.4　绿色供热的未来展望

绿色供热的未来展望是一个充满希望和挑战的领域，涉及创新动力、投资潜力、教育与培训以及跨界合作等多个方面。这些因素共同塑造了绿色供热行业的未来发展轨迹，预示着一个更加可持续和环保的供热新时代的到来。

1. 创新动力

创新动力是推动绿色供热行业发展的关键因素。随着全球对气候变化和环境保护的关注的日益增加，绿色供热技术的创新成了当务之急。这种创新不仅包括新技术的研发，如更高效的太阳能供热系统、更先进的地热利用技术以及更智能的供热控制系统，还包括对现有技术的改进和优化。例如，提高供热系统的能效，减少能源浪费，可以显著降低供热成本和环境影响。此外，创新还体现在供热服务模式上，如通过云计算和大数据分析优化供热系统的运行，提供更加个性化和高效的供热服务。

2. 投资潜力

投资潜力是绿色供热行业发展的重要驱动力。随着绿色供热技术的成熟和市场的扩大，越来越多的投资者开始关注到这一领域。这些投资不仅来自传统的能源和供热企业，还包括风险投资、私募基金等。这些资金的注入，不仅能加速绿色供热技术的研发和推广，还能帮助企业扩大市场份额，提高竞争力。此外，政府的支持和补贴也是吸引投资的重要因素。例如，提供税收优惠、补贴等政策，可以降低企业的投资风险，吸引更多的资本投入绿色供热行业。

3. 教育与培训

教育与培训是绿色供热行业持续发展的基础。随着绿色供热技术的不断发展，行业对相关专业人才的需求也在不断增加。这些人才不仅需要掌握专业的技术知识，还需要具备良好的环境意识和创新能力。因此，加强教育和培训，培养更多的绿色供热专业人才，对推动行业的发展至关重要。这不仅包括在高等教育中设置相关专业和课程，还包括对在职人员的持续培训和技能提升。此外，普及绿色供热的知识和意识，也是教育和培训的重要内容。政府通过各种渠道，如媒体、公共讲座、社区活动等，向公众普及绿色供热的重要性和优势，可以提高公众的环保意识，促进绿色供热技术的发展。

4. 跨界合作

跨界合作是绿色供热行业发展的新趋势。随着技术的发展和市场的变化，绿色供热行业与其他行业的交叉和融合日益加深。例如，绿色供热与建筑、环保、信息技术等行业的结合，可以产生新的商业模式和服务模式。通过跨界合作，人们可以共享资源、优势互补，共同推动绿色供热技术的发展和应用。此外，国际合作也是跨界合作的重要方面。通过与其他国家和国际组织的合作，人们可以共同应对全球性的环境和能源挑战。

1.3　传统供热与绿色供热的比较

本节将深入探讨传统供热与绿色供热系统的异同。首先，笔者会分析传统供热系统的设计原理、运行效率、环境影响和经济成本。随后，转向绿色供热系统，探讨其如何整合可再生能源，实现智能化管理，提供显著的环境效益以及经济效益。接着，笔者将讨论供热系统从传统向绿色转型过程中可能会遇到的技术障碍，需要的政策支持、经济刺激措施和社会认知的变化。最后，通过对比分析成功和失败的案例，笔者将提出优化和推广绿色供热系统的策略，以期为这一转型提供实用的见解和建议。

1.3.1 传统供热系统

传统供热系统是现代城市基础设施的重要组成部分，在过去几十年中发挥了关键作用。这些系统通常依赖化石燃料，如煤炭、天然气或石油，来产生热能。设计原理大致如下：燃烧过程产生热能，热交换器将热能传递给输送介质，这种介质通常是水或蒸汽，然后热量通过管道网络输送到需要供暖的地区。传统供热系在运行效率方面，统面临着多重挑战。首先，燃烧过程的效率受限于燃料的热值和燃烧技术。其次，热能在传输过程中会有损失，特别是在长距离输送时。此外，这些系统往往需要维护和更新，以保证运行效率。环境影响是传统供热系统的一个重要问题。燃烧化石燃料会产生大量的温室气体，如二氧化碳，以及其他污染物，如硫化物和氮氧化物，这些都会对气候变化和空气质量产生负面影响。此外，这些系统对水资源和土地的需求也会对环境造成压力。经济成本是评估传统供热系统的另一个关键因素。传统供热系统虽然初期建设成本可能较低，但长期运营成本，包括燃料成本、维护费用和环境合规成本，可能会非常高。随着全球可持续发展意识的提高，以及环境法规的日益严格，传统供热系统的经济可行性受到了挑战。

1.3.2 绿色供热系统

绿色供热系统代表了供热行业的一种革新，它们通过整合可再生能源、实现智能化管理和强调环境和经济效益，为人们提供了更可持续的能源解决方案。

1. 可再生能源集成

可再生能源集成是绿色供热系统的核心。这些系统利用太阳能、风能、地热能等可再生资源来产生热能，从而减少对化石燃料的依赖。例如，太阳能热水器和地源热泵系统能够有效地将来自自然的各种形式的能量转换为供热所需的热能。这种能源转换过程几乎不产生温室气体排放，有助于减少环境污染和气候变化的影响。

2. 智能化管理

智能化管理是提高绿色供热系统效率的关键。通过使用先进的传感器、控制系统和数据分析技术，供热系统能够优化运行参数，如温度控制和能源分配的相关参数。智能化管理还包括对用户行为的智能分析，可以提高能源使用效率。例如，通过进行实时数据监控和预测性维护，人们可以显著减少能源浪费和运行成本。

3. 环境效益

可带来环境效益是绿色供热系统的显著优势。与传统供热系统相比，它们可以产生更少的温室气体和其他污染物。此外，通过减少对化石燃料的依赖，这些系统还能助力于保护自然资源和生态系统。绿色供热系统还能改善空气质量，为城市和乡村地区创造更健康的生活环境。

4. 经济效益

经济效益也是应用绿色供热系统时的重要考量。虽然这些系统的初始投资可能高于传统的供热系统，但长远来看，它们能够提供更高的能源效率和较低的运营成本。随着可再生能源技术的成本不断下降，绿色供热系统变得越来越经济。此外，政府的补贴和激励政策也有助于降低应用这些系统的总体成本。

1.3.3　供热系统转型

供热系统的转型，指从传统的基于化石燃料的模式向绿色供热模式的转变，是一个复杂且挑战重重的过程。这一转型不仅涉及技术的创新和应用，还需要政策的支持、经济的刺激以及社会上的普及和广泛认可。

1. 技术障碍

技术障碍是供热系统转型的主要挑战之一。绿色供热技术虽然在过去几十年里取得了显著进步，但在广泛应用于各种气候和地理条件时仍面临诸多挑战。例如，太阳能和风能供热系统在阴天或无风的条件下效率较低，而地源热泵系统的建设和运行成本相对较高。此外，将这些新技术与现有的供热基础设施相整合，需要克服技术兼容性和系统升级的问题。因此，持续的技术创新和改进对实现供热系统的有效转型十分重要。

2. 政策支持

政策支持是推动供热系统转型的关键因素。政府可以通过制定有利于绿色供热技术发展的政策和法规来推动这一进程。这包括提供财政补贴、税收优惠、研发资金支持以及建立绿色供热标准和认证体系。例如，一些国家制定并落实了可再生能源配额制度和绿色能源补贴政策，以激励企业和家庭采用绿色供热解决方案。此外，政府还可以通过公共教育和宣传活动来提高公众对绿色供热重要性的认识。

3. 经济刺激

经济刺激对供热系统的转型同样重要。虽然绿色供热系统长期运营成本较低，但其初始投资通常较高。因此，政府实行经济激励措施，如低息贷款、补贴和投资回报保障，对促进绿色供热技术的应用和普及至关重要。此外，有关部门还可以建立绿色供热项目的融资平台和市场机制，吸引更多的私人投资，从而加速供热系统的绿色转型。

4. 社会认知

社会认知是影响供热系统转型的另一个关键因素。公众对绿色供热技术的认识和接受程度直接影响其采纳率。因此，提高公众对绿色供热技术优势的认识，以及对气候变化和环境保护问题的关注，对推动供热系统的绿色转型十分重要。这可以通过教育、媒体宣传和组织公共参与活动来实现。展示绿色供热技术的成功案例和实际效益，也可以增强公众对这些技术的信心和接受度。

1.3.4 案例对比分析

在探讨绿色供热系统的发展和推广过程中，案例分析是一个重要的环节。通过对比成功案例和失败的教训，人们可以更好地理解绿色供热系统的实际应用情况，从而制定出更有效的优化和推广策略。

1. 成功案例

成功案例通常是绿色供热技术在特定环境下的有效应用，如一些北欧国家利用地热和生物质能源实现供热系统的绿色转型的实例等。这些案例展示了绿色供热技术在提高能源效率、降低环境影响方面的巨大潜力。成功案例往往包括技术的成熟度、政策的支持、资金的投入以及公众的接受度等关键因素。通过分析这些成功案例，人们可以了解到，综合应用多种技术、制定合理的政策框架、确保充足的资金支持以及提高公众意识是实现绿色供热转型的重要措施。

2. 失败教训

然而，并非所有尝试都能取得成功。失败的教训同样重要，因为它们反映了应避免的问题。一些失败的案例可能是由于技术不成熟、资金不足、政策支持不够或者缺乏公众接受度。例如，某些地区尝试推广太阳能供热系统，但由于技术限制和高昂的安装成本，最终未能达到预期的效果。从这些失败的案例中，人们可以发现，技术的适应性、经济的可行性、政策的连续性和公众的参与度是影响供热系统转型能否成功的关键。

3. 优化策略

优化策略是基于对成功案例和失败教训的分析而制定的。这些策略可能包括技术的进一步研发、资金的更有效分配、政策的有力支持以及更广泛的公众教育和参与等方面。例如，人们可以通过提高绿色供热技术的效率和可靠性，降低其成本，从而提高其市场竞争力。同时，政府可以通过提供补贴、税收优惠和技术支持，鼓励更多的家庭和企业采用绿色供热解决方案。

4. 推广策略

落实推广策略是将优化策略转化为实际行动的关键。这包括政策制定、资金投入、技术推广和公众教育等可以推动绿色供热技术的广泛应用的措施。政府、企业和非政府组织可以合作，通过各种渠道推广绿色供热技术，如在学校、社区和媒体上进行教育和宣传活动。此外，展示成功案例和分享最佳实践，也可以激励更多的人参与到绿色供热的转型过程中。

1.4　绿色供热的经济与环境效益

在本节，笔者将深入探讨绿色供热的经济与环境效益。首先，经济效益分析将关注成本节约、投资回报、经济激励和市场潜力等方面，揭示绿色供热是如何在经济上有可行性和有利的。接着，环境效益评估将着眼于减排效果、资源循环、生态影响和公共健康，展示绿色供热对环境的积极影响。政策影响评价将分析政策框架、补贴效果、税收优惠和法规制约等内容，探讨政策如何塑造绿色供热的发展。最后，社会效益探讨将讨论公众参与、教育普及、社会认同和文化影响，着重讨论绿色供热在社会层面上的重要性。

1.4.1　经济效益分析

绿色供热系统的经济效益分析是一个多维度的议题，涉及成本节约、投资回报、经济激励和市场潜力等方面。这些因素共同构成了绿色供热作为一种可持续能源解决方案的经济合理性和吸引力。

29

1. 成本节约

成本节约是绿色供热系统的一个显著优势。这种节约主要来自两个方面：一是运行成本的降低，二是长期的维护费用减少。绿色供热系统，如太阳能供热系统、地源热泵供热系统等，虽然在初期安装时可能需要较高的投资，但由于它们主要依赖太阳能、地热能等获取成本相对较低，甚至可以说是免费的自然资源，因此，在长期运行过程中，这些系统能显著降低能源费用。此外，由于绿色供热技术的耐用性和较低的维护需求，系统的长期维护成本也相对较低。

2. 投资回报

投资回报是评估绿色供热项目经济效益的另一个重要指标。绿色供热项目虽然初期投资可能较高，但由于运行成本的大幅降低，投资回报期通常较短。此外，随着绿色技术的不断进步和成本的逐渐降低，这些项目的投资回报率正在不断提高。在某些情况下，政府和非政府组织提供的补贴和激励措施也有助于提高投资回报率，降低投资风险。

3. 经济激励

经济激励在推动绿色供热系统的普及和发展中扮演着关键角色。政府和相关机构可以通过提供各种激励措施，如税收减免、补贴、低息贷款等，鼓励个人和企业投资绿色供热技术。这些激励措施不仅降低了投资者的初始成本，还提高了项目的整体吸引力，加速了绿色供热技术的市场渗透。

4. 市场潜力

市场潜力是评估绿色供热系统未来发展潜力的重要指标。随着全球对可持续能源解决方案的需求的不断增长，绿色供热市场预计将持续扩大。这一增长不仅受到环境保护意识的提升和政府政策支持的影响，还受到技术进步和成本降低等因素的推动。此外，随着人们对健康和环境质量的关注的日益增加，绿色供热系统的市场需求预计将进一步增长。

1.4.2　环境效益评估

绿色供热系统的环境效益是其最显著的优势之一，这些效益主要体现在减排效果、资源循环、生态影响和公共健康方面。

1. 减排效果

减排效果是绿色供热系统最直接的环境效益。传统的供热系统，如燃煤或燃气锅炉，会产生大量的二氧化碳和其他温室气体，这些气体是全球气候变化的主要影响因素。相比之下，绿色供热系统如太阳能供热系统、地源热泵供热系统和生物质供热系统等，在运行过程中几乎不排放温室气体。例如，太阳能供热系统利用太阳能作为能源，在运行过程中不会排放任何温室气体。这种减排效果对减缓全球气候变化、达成国际减排目标具有重要意义。

2. 资源循环

资源循环是绿色供热系统的另一个关键环境效益。绿色供热系统通常利用可再生能源，如太阳能、地热能和生物质能等，这些能源是可持续的，不会耗尽。与此同时，这些系统的运行还有助于促进资源的循环利用。例如，生物质供热系统可以使用农业废弃物、林业残余物等作为燃料，这种做法不仅减少了这些废弃物的堆积，还可以将废弃物中的生物质能转化为有用的热能，实现了资源的有效循环利用。

3. 生态影响

生态影响是评估绿色供热系统的另一个重要方面。与传统的供热系统相比，绿色供热系统对生态系统的影响较小。例如，太阳能供热系统和地源热泵系统的运行不会产生有害的废气或废水，因此对周围环境和生态系统的影响极小。此外，这些系统的运行还有助于减少对自然资源的开采，从而减少了对生态系统的破坏。

4.公共健康

公共健康是绿色供热系统带来的另一个重要环境效益。传统的供热系统，特别是燃煤供热系统，会产生大量的空气污染物，如二氧化硫、氮氧化物和颗粒物等，这些污染物对人类健康有严重的负面影响。相比之下，绿色供热系统不会产生这些有害的空气污染物，因此对公共健康的影响较小。这对改善空气质量、减少呼吸道疾病和其他健康问题的发生具有重要意义。

1.4.3 政策影响评价

绿色供热的推广和实施在很大程度上依赖于有效的政策支持。政策影响评价是理解和优化这些政策措施的关键环节，涉及政策框架、补贴效果、税收优惠和法规制约等多个方面。

1.政策框架

政策框架为绿色供热的发展提供了基础和方向。一个全面且有效的政策框架通常包括清晰的目标设定、实施路径和监测机制。例如，许多国家和地区设定了具体的可再生能源使用目标和时间表，明确了绿色供热在能源结构中的比例。这些政策框架不仅为市场参与者提供了明确的指引，还为政府监管和政策调整提供了依据。有效的政策框架还需要考虑地区特性、能源需求和技术发展水平，确保政策的适用性和可行性。

2.补贴效果

补贴效果是评估政策影响的重要方面。政府通过提供补贴来降低绿色供热技术的初始投资成本，以促进其广泛应用。补贴可以采取直接资金支持、低息贷款或税收减免等形式。补贴政策的有效性取决于补贴的规模、持续时间和目标精确度。补贴政策的设计需要平衡市场激励和财政可持续性，避免发生因对补贴的过度依赖而导致的市场畸形化。

3. 税收优惠

税收优惠是另一种常见的政策工具，用于鼓励绿色供热技术的普及应用和发展。税收优惠可能包括减免绿色供热设备的进口关税、提供研发税收抵免或降低绿色能源产品的增值税率。税收优惠能够降低企业和消费者的成本负担，提高绿色供热技术的市场竞争力。然而，税收优惠政策的设计需要考虑到公共财政的承受能力和对市场的长期影响，确保政策的公平性和效率。

4. 法规制约

法规制约是确保绿色供热系统安全、高效和环保的关键。这里的法规可能包括对绿色供热设备的性能标准、安装和运维的规范以及排放量和环境影响的限制规定。强有力的法规制约不仅能保障系统的运行安全，还能促进技术的持续改进和创新。同时，法规制约还需要保持灵活性，以适应技术进步和市场变化，避免过度限制抑制了绿色供热的创新和市场活力。

1.4.4　社会效益探讨

绿色供热作为一种可持续的能源解决方案，不仅具有经济和环境效益，还能在社会层面产生深远影响。社会效益涉及公众参与、教育普及、社会认同和文化影响等多个方面。

1. 公众参与

公众参与在推动绿色供热的普及和提高公众接受度方面发挥着关键作用。公众的积极参与不仅体现在对绿色供热技术的采纳上，还包括政策制定和实施过程中的参与上。通过各种渠道，如社区会议、在线论坛和公共咨询，公众能够对绿色供热项目提出意见和建议，确保这些项目更好地满足社区的需求。此外，公众参与还有助于提高社区对绿色供热项目的拥有感和责任感，从而提高项目的成功率和持续性。

2. 教育普及

教育普及是提高公众对绿色供热重要性的认识的重要途径。教育和宣传活动，可以提高公众对绿色供热技术、环境效益和经济优势的理解。学校、媒体和社区组织可以发挥重要作用，通过组织课程、研讨会、展览和媒体报道等形式，向公众传播绿色供热的知识。教育普及不仅能提高公众的环境意识，还能激发年轻一代对可持续能源技术的兴趣，为未来的绿色供热领域培养专业人才打下坚实的基础。

3. 社会认同

社会认同是绿色供热成功普及的关键影响因素之一。社会对绿色供热的接受程度和支持程度直接影响了绿色供热项目的推广和实施。通过有效的沟通和社区参与，人们可以建立对绿色供热的正面认知，增强对这些技术的信任感和支持度。社会认同的形成需要时间和持续的努力，有效措施包括展示绿色供热项目的成功案例、强调其对环境和经济的积极影响，以及及时解决公众可能的疑虑和担忧等。

4. 文化影响

文化影响是绿色供热带来的另一个重要社会效益。对绿色供热的推广有助于推广环境友好和可持续的生活方式。这种文化影响不仅体现在能源消费习惯的改变上，还包括对环境保护和可持续发展等观念的重视。随着绿色供热技术的普及，社会的环境保护意识将逐渐增强，形成一种积极的环境文化。这种文化转变对实现长期的环境目标和可持续发展十分重要。

第 2 章　热源的选择与优化

这一章深入探讨了多种供热技术及其应用，包括传统热源和创新的绿色能源解决方案。具体来说，本章涵盖了燃煤、燃气、电供热和核能供热技术的特点、成本、环境影响及改造潜力，同时着重分析了太阳能供热、地源热泵供热以及空气源热泵技术的原理、效率、成本控制和市场潜力，还有废热回收与再利用的创新方法以及其他绿色热源技术，如生物质能供热和气候适应型供热技术，也在本章中有详细讨论。这些内容不仅包括各种供热技术的优势和应用时会面临的挑战，还对未来供热技术发展趋势做出了一定预测。

2.1　传统热源供热技术与应用

本节深入探讨了燃煤、燃气、电供热和核能供热系统的关键特性和挑战，包括每种技术的设计特点、运行成本、环境影响及其改造潜力。燃煤供热系统的环境污染问题、燃气供热的技术优势和安全性、电供热技术的创新和能效比较，以及核能供热的全球经验和经济性分析都是本节的重点。这些内容可以为人们理解各种传统热源的优势、局限性和未来发展趋势提供全面的视角。

2.1.1　燃煤供热系统

燃煤供热系统，作为一种历史悠久的供热方式，在全球范围内被广泛应用，尤其是在能源资源丰富的地区。

这种系统的设计主要围绕能够提供大规模的稳定热能供应而展开。燃煤锅炉通常设计为高温高压系统，以提高热效率。这些系统通常包括燃烧室、热交换器、排烟系统和灰渣处理装置。燃煤供热系统能够适应不同质量的煤炭，这使它们在多变的能源市场中具有一定的灵活性优势。

在运行成本方面，燃煤供热系统面临着多重挑战。首先，燃料成本，尽管煤炭相对便宜，但其价格有波动，并且还会产生运输成本。此外，维护成本也不容忽视，特别是在环保标准日益严格的前提下。燃煤系统需要定期清洁和维护，以防效率下降和设备损坏。

容易造成环境污染是燃煤供热系统的一个重大问题。燃烧煤炭会产生大量的二氧化碳和其他温室气体，加剧全球气候变化。此外，煤炭燃烧还会释放硫化物、氮氧化物和飞灰等有害物质，这些物质会对空气质量和人类健康构成威胁。因此，近年来，环保法规在这方面提出了更高的要求，这进一步增加了燃煤供热系统的运营成本。

另外，燃煤供暖系统是一种常见且被广泛应用的暖气系统，为了确保其正常运行和延长其寿命，定期的维护和保养也是必要的。维护和保养的具体措施大致如下。

1. 清洁燃煤炉

燃煤炉是燃煤供暖系统的核心部件，定期清洁燃煤炉是维护系统正常运行的重要步骤。清洁燃煤炉时，应注意以下事项：

第一，关闭燃煤炉并切断电源，确保安全操作；

第二，清理燃煤炉内的灰渣和积尘，清理时可使用专业的清洁工具和刷子；

第三，检查燃煤炉内零部件的磨损情况或是否损坏，如有问题应及时更换。

2. 检查烟道和排气管道

烟道和排气管道是燃煤供暖系统中排放废气的通道，定期检查和清理烟道和排气管道有助于减少气流阻力，并提高系统效率。以下是一些注意事项：

第一，定期检查烟道和排气管道是否有积烟和沉积物，如有，需要清理；

第二，检查烟道和排气管道是否有损坏或堵塞情况，如有问题应及时修复或清除。

3. 注意燃煤供暖系统的安全性

燃煤供暖系统涉及燃烧和排放废气等有安全隐患的环节，因此需要重视以下安全事项：

第一，检查燃煤供暖系统的燃烧状况，确保燃烧充分且没有明显的异常；

第二，检查燃煤供暖系统的烟雾和一氧化碳报警装置是否正常工作，确保安全使用；

第三，遵循燃煤供暖系统的使用说明和操作规程，不私自改动系统设置；

第四，定期进行燃煤供暖系统的安全检查和维修，确保系统的安全性。

燃煤供暖系统的维护和保养工作应由专业人员进行，确保操作正确和安全。这些是燃煤供暖系统维护与保养的一些基本方法和注意事项。但请注意，这只是一般性的维护建议，具体操作还应以实际情况和设备说明为准。

2.1.2　燃气供热系统

燃气供热系统作为一种现代化的供热方式，在全球范围内得到了广泛应用，特别是在城市和工业化地区。

1. 技术优势

燃气供热系统作为一种现代化的供热方式，拥有许多明显的技术优势，并因此在全球范围内得到了广泛应用。与传统的燃煤供热系统相比，燃气供热系统能够更高效地将燃料的能量转化为热能，这主要得益于燃气燃烧过程的高效率。在燃烧燃气时，燃气会在燃烧室内迅速燃烧，产生大量的热能，几乎没有能量浪费。相比之下，燃煤供热系统存在燃料不完全燃烧和热能损失的问题而效率较低。

高效率意味着燃气供热系统能够以更少的燃料消耗提供相同或更多的热能。这不仅可以降低供热成本，还有助于减少对有限能源资源的依赖。对城市和工业区域来说，提高能源利用效率是一项重要的环保措施，可以减少温室气体排放和能源浪费，有助于实现可持续发展目标。燃气供热系统的另一个显著的技术优势是燃气供热系统的清洁性。与燃煤供热系统相比，燃气供热系统产生的污染物更少。这是因为燃气燃烧过程中碳排放量较低，同时几乎没有其他有害物质的排放，如硫化物、氮氧化物和颗粒物等。

清洁的供热系统有助于改善空气质量，减少空气污染，对改善居民健康状况和环境保护至关重要。尤其是在城市地区，空气质量通常受供热系统的影响，因此采用燃气供热系统可以显著降低空气污染水平，改善居民的生活质量。清洁的供热系统还更符合环境法规和排放标准的规定，降低了环保合规方面的成本和风险。政府和环保机构通常鼓励人们采用清洁能源供热系统，为此有关部门可能会提供激励措施，制订奖励计划，以鼓励企业和居民选择更环保的供热方式。

燃气供热系统通常有小型化和占地面积少的特点。这使它们更适合被部署在城市环境中，特别是在空间有限的区域。相比之下，传统的燃煤供热系统往往需要大型锅炉和储煤设备，占用大量空间，不适合城市中心地带。小型化的供热系统可以更容易地集成到城市基础设施中，减少了土地使用和对环境的破坏。此外，它们通常有更灵活的布局和配置选项，可以根据具体需求进行定制，这提高了供热系统的适应性和可扩展性。

2. 安全性分析

安全性在燃气供热系统的设计、建设和运行中扮演着至关重要的角色。虽然天然气被认为是一种相对安全的燃料，但如果不采取适当的预防措施和安全控制，燃气供热系统仍然存在一定的安全风险，包括气体泄漏、火灾、爆炸和一氧化碳中毒等。因此，为了确保供热系统的安全性，人们需要采取一系列措施并进行安全性分析。

天然气，作为燃料，具有挥发性，如果发生泄漏，可能会在空气中积聚，形成可燃气体云。这种情况下，如果有点火源存在，可能导致火灾或爆炸。因此，供热系统需要配备高度灵敏的气体泄漏探测器，应能及时检测到潜在的泄漏，并采取措施来隔离泄漏点，防止气体扩散。此外，人们还需要建立紧急应对措施，以迅速处理泄漏事件，确保人员和财产的安全。

自动熄火系统是另一个重要的安全性措施。此系统通过监测燃气的供应和燃烧过程，可以在出现异常情况时自动切断燃气供应，防止火焰持续燃烧。例如，如果火焰异常熄灭或火焰温度异常高，自动熄火系统就会立即切断燃气供应，减少火灾或爆炸的风险。这种系统通常具有高度的可靠性和响应速度，为供热系统的安全性提供了重要保障。

定期的维护和检查是确保供热系统安全性的另一个关键因素。供热系统中的各种设备和管道需要进行定期检查，以确保其设备状况良好并能正常运行。这包括检查气体管道、阀门、燃烧器和热交换器等关键部件，以及监测设备的性能。定期维护可以帮助人们发现潜在的问题并及时修复，从而减少了事故发生的可能。

培训和意识的提高也是确保供热系统安全性的重要组成部分。供热系统的操作人员需要接受专业培训，了解系统的运行原理、安全操作规程和紧急应对程序。此外，用户和居民也需要了解天然气供热系统的基本安全知识，包括如何识别气体泄漏的迹象，以及在紧急情况下应该采取何种行动。提高公众的安全意识可以帮助减少事故的发生和扩大化。

3. 经济评估

从经济角度来看，燃气供热系统在运行成本和投资回报方面有一定的优势，并因此成为供热领域的择优之选。

燃气供热系统在运行成本方面具有明显的优势。尽管天然气价格会受国际市场和地缘政治因素的影响，但总体来说，天然气的成本通常低于煤炭和电力。这令使用燃气供热系统可以在能源采购方面节省一定开支。此外，燃气供热系统的高效率也意味着更低的能源消耗和运营成本。高效率燃烧可以将更多的燃料能量转化为热能，减少能源浪费，降低能源支出。此外，燃气供热系统通常需要较低的维护和运营管理成本，因为这种系统结构相对简单，不需要人们建设大型的燃烧设备。

尽管燃气供热系统的初始安装成本可能较高，但较低的运行成本和较长的使用寿命可以使其在长期内实现投资回报。由于其高效率和低运营成本，使用燃气供热系统的建筑物可以在更短的时间内实现投资回报。此外，燃气供热系统的性能通常较为稳定，可以长期稳定运行，降低了系统替换和维护的频率，进一步提高了投资回报率。

除了经济方面的优势，燃气供热系统还具有环保和可持续性方面的优势。与传统的燃煤供热系统相比，燃气供热系统产生的污染物更少，碳排放也较低。这有助于减少温室气体排放，降低对环境的影响，并符合可持续发展的目标。此外，燃气供热系统可以更好地适应与新能源的整合，如生物质气体或水素等能源资源，从而在未来具有更高的可持续性。

4. 发展趋势

燃气供热系统的发展趋势为更高的效率和更高的环境友好性，这些趋势在技术进步、可持续性、智能化等方面体现得尤为明显。

随着技术的不断进步，燃气供热系统正朝着更高效率的方向发展。新一代系统采用了更先进的热交换器和精确的控制技术，以提高能源的利用效率。燃气燃烧过程的优化使系统能够更有效地将燃料能量转化为热能，从而减少了能源浪费。而这意味着更少的天然气消耗，更低的能源成本，以及碳排放的减少。高效的供热系统还可以更好地满足不同季节和气温条件下的供热需求，提高系统的稳定性和可靠性。

另一个明显的趋势是将燃气供热系统与可再生能源技术结合使用，以提高系统的可持续性。例如，太阳能辅助供热系统可以利用太阳能来预热水或空气，从而减少对天然气的依赖，降低运营成本，同时减少对非可再生能源的需求。这种整合还有助于减少温室气体排放，进而减缓气候变化。随着可再生能源技术的不断发展，燃气供热系统可以更灵活地适应不同的能源来源，系统的可持续性更高。

随着智能技术的飞速发展，燃气供热系统也越来越智能化和自动化。智能控制系统可以实时监测供热需求和能源消耗情况，并根据需求进行调整，以优化能源使用效率。用户可以通过智能手机应用或互联网平台监控和控制供热系统，提高自身用户体验。自动化系统还能够及时检测和响应安全问题，减少了潜在的安全风险。

随着人们环保意识的增强和能源法规的不断修订，燃气供热系统在未来的发展中将更加注重环境保护，以符合严格的能源标准。系统设计和运行将更加环保，以减少对大气和水资源的污染。同时，燃气供热系统还将适应更严格的能源效率标准，以确保系统的高效率运行，降低碳排放。这需要人们进行不断的技术创新和研发投入，以满足未来的能源和环境挑战。

2.1.3　电供热技术

电供热技术，作为一种现代化的供热技术，在全球能源转型过程中正逐渐成为新能源技术的重要组成部分。这种技术的核心在于以电力为能源，通过各种电热元件将电能转换为热能，进而用于供暖和热水供应。随着技术的不断进步，电供热技术在效率、环境友好性和经济性方面展现出显著优势。

1. 电锅炉清洁供热

电锅炉利用热能传递原理将热能传递给水。加热元件为电阻丝或电极。当电阻丝或电极进行加热时，产生的热量会传递给锅炉里的水。电锅炉通常采用直接加热方式，即电阻丝或电极直接与水接触，通过传导和对流的方式将热量传递给水。在传热过程中，水的温度逐渐升高，达到设定的温度。

目前电锅炉的应用，主要是与可再生能源发电，如风力发电相结合，同时利用峰谷电价差，在谷电时进行电锅炉制热，并利用储热技术储存，白天释放，用于供热。既体现了对可再生能源的应用，绿色、环保，又比燃煤、燃气锅炉热效率更高。

2. 创新电热元件

创新电热元件在电供热技术的发展中至关重要。近年来，这类元件经历了重大的变革，从传统电阻丝加热器逐渐发展出更高效的红外辐射器和热泵技术，为电供热领域带来了革命性的改变。接下来将详细探讨这些创新电热元件的重要性以及它们的技术特点。

（1）　红外辐射技术的优势

红外辐射加热技术是一项引人注目的创新电热元件。与传统的空气加热方式不同，红外辐射技术通过辐射热能直接加热物体和人体表面，而不是通过加热周围空气来达到供热效果。这种直接加热的方式具有独特的优势。首先，它可以降低能源浪费，因为不需要预热空气或加热整个房间。其次，红外辐射加热能够提高供热效率，因为它可以快速传递热能，减少能量损失。最重要的是，这种方式能够提供更加舒适的供热体验，因为它模拟了太阳光辐射的方式，使人体感到温暖而非闷热。因此，红外辐射技术在电供热系统中得到了广泛应用，尤其是在室内供热和暖通空调领域。

（2） 能耗和运行成本的降低

创新电热元件的应用带来了明显的能耗和运行成本的降低。热泵技术的高效率意味着在达到相同供热效果的情况下仅需要更少的电能，这可以显著降低能源成本。同时，热泵系统的多功能性也减少了需要维护和更换的设备数量，降低了运营成本。红外辐射技术的直接加热方式减少了传统供热系统中需要加热整个房间的能源消耗，从而减少了电能的浪费。对这两种技术的运用长远来看将带来显著的经济效益。

3. 能效比较

电供热技术在能效比较方面有明显的优势，尤其是与传统的燃煤或燃气供热方式相比。接下来将详细探讨电供热技术的能效优势，以及其如何在环境保护方面作出积极贡献。

电供热系统通常具有更高的能源转换效率，这意味着更多的电能被有效地转化为热能，而不会浪费在能量转化的过程中。传统的燃煤或燃气供热系统存在能量损失，因为燃烧过程不可避免地伴随着热能的散失。而电供热系统通过电阻丝或红外辐射等方式将电能转化为热能几乎没有能量浪费。这种高效的能源转换使电供热系统能够以更少的能源消耗提供相同的供热效果，降低了电能的浪费。

电供热系统通常热损失较低，这是因为热能的传递方式更加直接和精确。例如，红外辐射加热通过辐射热能直接加热物体和人体表面，而不是通过加热周围的空气来传递热能，这种方式减少了能量传递过程中的热能散失，提高了供热效率。此外，电供热系统的供热源可以更加精确地控制温度，避免了不必要的过热或降温，从而降低了能源消耗和热损失。

电供热技术与可再生能源技术的结合进一步提高了其能效和环境友好性。当电供热系统使用由太阳能或风能等可再生能源产生的电力时，其环境效益更加显著。这意味着供热过程中几乎不会产生温室气体排放，从而有助于降低碳足迹。这种低碳供热方式非常符合全球减排目标的要求，有助于人们应对气候变化挑战。

电供热技术的能效优势不仅体现在能源转换效率上，还体现在减少热损失和使用可再生能源的优势上。这些方面的综合考虑使电供热系统成为一种环保、高效的供热方式。在不断增加的环保意识和全球减排压力下，电供热技术将在未来继续发挥重要作用，为提供高效、清洁的供热解决方案作出积极贡献。

4.峰谷电价利用

峰谷电价的利用对电供热技术的普及来说具有重要意义，它不仅有助于降低运行成本，还能够改善电力系统的负荷平衡，提高电网的稳定性和效率。峰谷电价制度是一种根据电力需求的高低而动态调整电价的制度。通常情况下，电力市场会在用电高峰期间提高电价，以应对供需不平衡的情况，而在用电低谷期间电价则较低。设定这一制度的目的是鼓励用户在用电成本较低的时段用电，以平衡电力系统的负荷，减少资源浪费和对环境的负面影响。

电供热系统能够通过智能控制技术，充分利用峰谷电价制度，降低运行成本并提高能源利用效率。其中一种常见的方式是使用热水储存系统。在低电价时段，电能被用来加热水或其他媒介，并将热能储存在储热罐中。这些储热罐可以保留热量数小时，甚至数天。当电价上升到高峰水平时，这些储热系统可以释放储存的热能，供应给供热系统，从而减少高峰时段的电力需求。

电供热系统配备了智能控制系统，可以根据电价曲线和电网负荷情况实时调整供热设备的运行状态。在高电价时段，供热设备可以降低功率或进入休眠模式，以减少用电成本。而在低电价时段，供热设备可以恢复正常运行或增加热能储存，以应对高峰期的供热需求。

通过巧妙地调整供热设备的运行，电供热系统可以协助平衡电力系统的负荷。在高峰期，电供热系统可以减少电力需求，这有助于减轻电力系统的压力，提高其稳定性，并对维持电力系统的可靠性和效率十分重要。

电供热系统的峰谷电价利用不仅有助于提高其经济性，降低了能源成本，还有助于提高其环保性，减少了高峰期的电力需求，这对降低电力系统的温室气体排放大有裨益，也符合全球减排目标。因此，电供热系统的峰谷电价利用实现了经济性和环保性的双重目标，为可持续供热提供了有力支持。

5.电网互动

电供热技术所涉及的另一个关键领域是电网互动，这一领域在智能电网技术的发展下展现出巨大的潜力。电供热系统可以更加灵活地与电网互动，为电力系统的稳定性和可持续性作出贡献。随着智能电网技术的不断进步，电供热系统可以更加智能化地与电网互动，实现能源的高效利用和电力系统的负荷平衡。一种重要的互动方式是需求响应技术，它允许电供热系统根据电力系统的需求情况进行实时调整。当电力系统的负荷较高或电网不稳定时，电供热系统可以自动降低供热设备的功率，以减轻电网压力。这种智能控制不仅有助于提高电网的稳定性，还可以降低电力系统的运行成本，因为在高负荷时段，使用电力的成本通常更高。

分布式能源资源，如太阳能光伏系统，受天气条件的影响，通常会产生不稳定的电力输出。通过与电供热系统的集成，人们可以将这些分布式能源的电力输出用于供热，从而提高能源的综合利用效率。当太阳能光伏系统产生过剩的电力时，这些电力可以用来加热水或其他热媒介，以供应供热系统。这种集成不仅有助于提高能源利用效率，还有助于促进可再生能源的广泛应用，减少对传统化石燃料的依赖，降低温室气体排放。

电供热系统的电网互动不仅有利于电力系统的平稳运行，还有助于提高供热系统的可靠性和稳定性。通过与电力系统的协同运行，电供热系统可以更好地适应电力系统的变化，确保供热的连续性和用户体验的舒适性。此外，电供热系统的智能控制还可以根据电力系统的电价和负荷情况来优化运行，降低能源成本，为用户提供更经济的供热服务。

2.1.4 核能供热

核能供热作为一种高效且清洁的供热方式，近年来在全球范围内受到越来越多的关注。核能供热的核心在于利用核反应堆产生的热能进行供暖，这种方式在提供大规模、稳定供热的同时，几乎不产生温室气体排放，对于实现能源结构的低碳转型具有重要意义。

1. 核能技术概述

核能技术是一种基于核裂变反应原理的能源技术，通过控制核反应堆内的链式反应，可以获得大量的热能。核能供热系统通常包括核反应堆、热交换系统和热能输送系统等部分，可以实现高效的供热。核能供热的核心是核反应堆，它是一个有特殊设计的设备，用于维持和控制核裂变反应。在核反应堆内，核燃料（通常是铀或钚等放射性材料）被分裂成两个或更多的核片段，期间伴随着大量的热能释放。这个过程是自持续的，只要有足够的核燃料并进行适当的控制，就可以持续进行。释放的热能通常用于产生蒸汽，驱动涡轮机发电，或直接用于供热。在核电站中，蒸汽通常用于发电，而在核能供热系统中，蒸汽或热水则被输送到供热网络，用于加热建筑物、为工业过程提供热量或满足其他供热需求。

核能供热具有许多优点。它具有极高的能源密度，核裂变反应释放的热能远远超过了同等质量的化石燃料。它意味着核能供热系统可以在相对较小的空间内提供大量的热能，这使其可以被用于大规模供热，如组成城市供热系统。核能供热系统的供热能力非常稳定。与太阳能和风能等可再生能源不同，核能供热不受天气或季节的影响，能够全天候、全年供应热能。这使核能供热特别适合于需要稳定供热的场合，如寒冷地区的供热。核能供热系统在运行过程中不产生大气污染物，如二氧化碳等温室气体，这有助于减少环境污染和全球气候变化。然而，建设核能供热系统需要进行严格的辐射控制和废物管理，以确保核废物的安全处理和处置。

2. 安全性问题

核能供热系统的安全性问题一直备受关注，因为核能技术的特殊性质决定了，一旦发生事故，可能会导致严重的后果。核能供热系统的核反应堆必须进行严格控制和管理。核反应堆内的核裂变过程是高度复杂的，需要精确的控制来维持连锁反应的稳定性。反应堆操作失误、冷却系统故障或控制系统失效，都可能导致核反应堆失控，产生过多的热能，甚至发生核反应爆炸。因此，核能供热系统必须遵循严格的操作和维护程序，确保核反应堆的安全运行。

辐射控制是核能供热系统的重要组成部分。核反应堆内产生的辐射需要被有效地隔离和控制，以确保工作人员和公众的安全。这包括在核反应堆周围设置辐射屏障、采用防护装备、定期监测辐射水平等措施。此外，核能供热系统还需要应对可能的辐射泄漏情况，建立紧急响应计划和设备，以应对潜在的辐射事故。核废料处理和存储是核能供热系统需要解决的关键问题。核能供热系统产生的废料具有长期的放射性，需要安全、稳定地存储和管理。这涉及废料的封存、转运、储存和最终处置，需要有安全性较高的设施和相应技术，不仅要保证废料不对环境和人体造成危害，还要防止核材料被非法获取或用于恶意用途。建立核能供热系统时必须建立紧急响应计划，以应对潜在的事故或紧急情况。这包括培训工作人员、设立紧急响应团队、准备应急设备和资源等。在发生事故时，及时、有效的应急措施可以最大程度地减少损害。

3. 经济性分析

核能供热的经济性分析涉及成本结构、投资回报和长期效益等多个方面。下面是关于核能供热经济性的详细讨论。

核能供热的成本结构相对独特。该系统的初始建设投资通常较高，其中包括核反应堆、热交换系统、输电设施等关键部分的建设和设备采购。这些初期成本是成本中相对较多的一部分，需要大量资金投入。然而，与传统的化石能源供热系统相比，核能供热系统在长期运行中具有明显的优势。一旦建成并投入运营，核能供热系统的运营成本相对较低，主要包括燃料成本和运维成本。核燃料能量密度极高，因此单位能量的燃料成本较低，这意味着核能供热系统可以以更经济的方式提供大量的热能。

核能供热的投资回报通常需要较长的时间。尽管初始投资较高，但核能供热系统的运营成本较低，且具有较长的使用寿命，因此核能供热系统的经济性主要体现在长期的投资回报上。随着系统运行时间的增加，运营成本的节省和长期稳定的供热能力可以弥补初始建设成本的差距，从而实现投资回报。

核能供热系统的经济性还受燃料成本的影响。核燃料的价格通常相对稳定，不受国际市场波动的影响，这使核能供热系统的建设成本在能源价格波动大的环境中具有一定的稳定性和可预测性。因此，核能供热系统的长期经济性就有了更多保证。

4. 国际经验

国际上，核能供热系统的应用逐渐增多，不同国家的经验表明核能供热具有一定的可行性和潜力。接下来笔者将探讨国际核能供热经验。

一些国家已经成功建立了核能供热系统，并将之用于满足城市供暖和工业热能需求。例如，俄罗斯在莫斯科等地区建立了多座核热电联产厂，通过核反应堆产生的热能不仅可以用于电力生产，还可以用于供热，覆盖了大片城市区域。这种系统在严冷的气候条件下，为居民提供了可靠的供热服务，并降低了燃煤供热所带来的环境问题。另外，芬兰也拥有一座核能供热系统应用于供暖和工业生产中。

他国的核能供热系统建设经验表明，这些系统具有高效、可靠的供热能力。核能反应堆通过控制核反应过程来产生热能，具有能源密度高、持续稳定供热的特点，尤其适合寒冷地区的供热需求。核能供热不受气温波动的影响，能够在严寒的冬季提供可靠的供热，保证居民生活舒适度。

核能供热的推广需要克服公众对核能的担忧和安全顾虑。核能系统的安全性是首要考虑因素，人们需要采取严格的技术措施和管理措施，以确保核能供热系统的安全运行。此外，核废料处理和储存问题也是一个重要考虑因素，人们需要制订可持续的核废料管理方案。不同国家的核能政策和法规、经济条件以及公众接受度等因素也会影响核能供热的发展情况。因此，核能供热的推广需要根据具体国家的情况进行综合评估，充分考虑技术、安全、经济和社会等多方面因素。随着技术的不断进步和核能供热的示范项目的成功运行，相信更多国家将积极考虑将核能供热作为可持续供热解决方案的一部分。

2.2 太阳能供热技术与应用

太阳能供热技术，作为一种对可再生能源的应用，正日益成为全球能源转型过程中新能源的重要组成部分。这一技术涵盖了太阳能集热器的原理与设计优化、太阳能热水系统在家庭和商业领域的应用、太阳能供暖系统的综合设计及运维，以及太阳能与其他能源协同的策略和挑战等内容。太阳能供热技术的发展和应用不仅展现了高效率和成本控制兼顾的可能性，还在市场上有巨大潜力，并揭示了政策支持的重要性。随着技术的不断进步和成本的逐渐降低，太阳能供热技术正逐步成为绿色、可持续能源解决方案的关键组成部分。

2.2.1 太阳能集热器

太阳能集热器是太阳能供热系统的核心组件，其技术原理和运行机制对太阳能供热技术的发展颇为重要。在本部分，笔者将深入探讨太阳能集热器的技术原理及其在太阳能供热系统中的关键作用。

1. 技术原理

太阳能集热器是太阳能供热系统中至关重要的组件，在实现太阳能供热的过程中发挥着关键作用。

太阳能集热器的技术应用主要体现在太阳辐射能的捕获和转换环节。太阳能集热器的主要技术原理如下。

（1）**太阳辐射吸收**

太阳辐射是太阳释放的能量，其中包括可见光、红外线和紫外线等各种波长的辐射。太阳能集热器的表面通常涂有特殊的吸收材料，如选择性涂层或太阳能吸收涂层。这些涂层的作用是增加吸收率，使集热器能够更有效地吸收太阳辐射中的能量。

（2）**光热转换**

一旦太阳能集热器表面吸收了太阳辐射，吸收材料就开始发热。这个过程称为光热转换，其中吸收材料将光能转化为热能。通过光热转换，太阳能集热器将太阳辐射的能量转化为热量，使吸收材料升温。

（3）**热能传输**

太阳能集热器内部流动着工作介质，通常是水或防冻液。当吸收材料升温并释放热量时，工作介质会将这些热量传输到太阳能供热系统中的其他部分。这个传输过程可以通过流体循环系统来实现，确保吸收的热量被有效地捕获和传递。

（4）　热量存储

有时，人们会将太阳能集热器还与热能储存系统结合使用。这种系统可以存储白天收集的太阳能热量，以便在夜间或天气不佳时继续供应热水或满足供热需求。热能储存可以通过采用热水储罐、相变材料或其他储热技术来实现。

太阳能集热器高效工作原理也较为简单。通过将太阳辐射能转化为热能，太阳能集热器为太阳能供热系统提供了可持续的能源来源。因此这种技术在全球范围内得到了广泛应用，特别是在大力发展可再生能源和绿色能源的趋势下，它的优势越发突出。太阳能集热器为热水供应、暖气系统和工业过程中的热能需求提供了可持续的解决方案，有助于减少对传统能源的依赖，降低能源成本，并减少温室气体排放，为环境保护作出贡献。这也使太阳能集热器成为可持续供热系统的不可或缺的组成部分。

2. 设计优化

太阳能集热器的设计优化是确保系统性能和效率的关键步骤。在设计太阳能集热器时，人们需要综合考虑多个因素，以最高效地捕获太阳辐射并降低热损失。

要提高集热效率，通常需要选择高吸收率的表面涂层，这些涂层能够有效地吸收太阳辐射并将其转化为热量。优化吸热板的结构和布局也是关键，这能确保光能被均匀地吸收，并减少热能在集热器内的散失。太阳能集热器通常需要在户外环境中运行多年，因此设计必须考虑到集热器的耐久性。选用耐候性和耐高温的材料，以确保集热器在各种气候条件下都能正常运行，并能经受住紫外线辐射和极端温度的影响。安装过程的简便性也是一个重要考虑因素，以降低安装成本和时间。模块化设计和标准化组件可以简化安装过程，并能提高安装的一致性和可靠性，这对集热器的大规模部署和缩短施工工期至关重要。与建筑结构的整合同样重要，集热器必须与建筑物的屋顶或墙壁整合，确保重量和尺寸适合所选的安装位置，并且不会影响建筑物的结构完整性。集热器的朝向、倾斜角度和位置对其性能有重要影响。通过精确计算和调整这些参数，人们可以确保在一年中的不同季节和时间段都能够最大程度地接收到太阳辐射，这通常需要考虑到所在地的纬度和季节变化。减少热能损失是设计优化的另一个关键方向。使用高效的热绝缘材料，如保温材料或真空层，可以降低集热器周围的热损失，提高系统的效率。综合考虑这些因素，优化太阳能集热器的设计可以显著提高其性能、可靠性和使用寿命。这对太阳能供热系统的成功运行至关重要，特别是在大力倡导使用可再生能源和绿色能源的背景下，太阳能集热器作为一种清洁能源技术正变得越来越重要。

3. 成本控制

成本控制是太阳能集热器被广泛应用的关键因素，尤其是在供热系统中的应用。尽管太阳能集热器的初始投资相对较高，但有多种方法可以降低成本，使其更具竞争力和可持续性。

规模化生产和简化设计是成本控制的有效途径。随着市场需求的增加，制造商可以采用大规模生产来降低生产成本。同时，简化设计和标准化生产组件也可以减少制造和安装的复杂性，减少劳动力成本。这些措施有助于降低使用太阳能集热器所需的初始投资，提高其经济性。材料成本的降低对控制总体成本非常重要。太阳能集热器的关键部件，如吸热板和集热管，通常使用金属或塑料等材料制成。随着材料科学的进步，新型材料的开发和生产成本的下降使集热器变得更加经济。使用特殊涂层也可以提高吸收率，减少热损失，从而提高集热器的效率，降低运行成本。政府补贴和激励政策可以减轻用户的投资负担。许多国家和地区提供安装太阳能集热器的奖励计划或税收优惠，这降低了用户的初始投资。此外，一些地方还建立了可再生能源证书（RECs）市场，允许集热器的所有者出售其可再生能源证书，从而获得额外的收入。随着技术的成熟和市场的扩大，太阳能集热器的成本预计将进一步降低。技术改进和创新将提高集热器的效率，减少生产成本，并增强其可靠性。同时，市场竞争将推动制造商降低价格，使太阳能集热器更具经济竞争力。

长期来看，太阳能集热器的总体拥有成本（Total Cost of Ownership, TCO）相对较低，因为它们几乎无需维护，并且供热成本相对较低。这使太阳能集热器成为一种十分经济的供热选择，特别是在考虑到长期投资回报的情况下。随着技术和市场的不断发展，太阳能集热器有望在未来被更广泛地应用于供热系统中。

2.1.2　太阳能热水系统

太阳能热水系统被广泛应用于家庭和商业领域，是太阳能技术应用在日常生活中的重要体现。这些系统通过捕获太阳能来加热水，为洗浴、洗衣和其他家庭或商业用途提供热水。它们的优势在于显著降低能源消耗、减少电费支出，并能减少对传统能源的依赖。家庭用户和大型商业用户都在不断采用这一技术。政府的支持政策也在推动太阳能热水系统的发展，如提供补贴和税收减免。随着技术的不断进步和成本的降低，太阳能热水系统市场的潜力正在不断扩大，特别是在发展中国家，它为满足人们的热水需求提供了经济有效的方式，有望成为清洁、高效的能源解决方案。

1. 家庭应用

太阳能热水系统在家庭应用中的广泛普及，标志着太阳能技术在日常生活中也在被普遍应用。这些系统通常由几个关键组件构成，包括太阳能集热器、储热水箱、循环泵以及控制系统。家庭用户通过这些系统能够有效地捕获太阳能并将其转化为热能，用于满足洗浴、洗衣和其他日常活动的热水需求。

太阳能热水系统的优势在于出色的能源效率和经济性。通过安装这种系统，人们可以显著降低家庭能源消耗，减少电费支出，并减少对传统能源如燃气或电力的依赖。这对家庭经济和环境保护都有积极的影响。

太阳能集热器是太阳能热水系统的核心组件，其主要作用是捕获太阳辐射能并将其转化为热能。这一过程基于太阳辐射能被集热器中的吸热材料（如金属或塑料）吸收，并随后转化为热能的基本原理。这些吸热材料通常会被涂覆上特殊的涂层，以提高吸收率并减少热损失。随后，工作介质通过循环泵（通常是水或防冻液）在集热器内部流动，将吸收的热能传输到储热水箱中，或者直接供家庭的日常活动使用。这个系统的设计和工作原理确保了热水供应的持续性，不仅方便了日常生活，还降低了家庭的能源开支。

随着太阳能技术的不断进步和成本的逐渐降低，越来越多的家庭开始考虑并安装太阳能热水系统。尤其是在阳光充足的地区，这一选择变得尤其有吸引力。家庭用户不仅能够享受到经济上的好处，还可以积极参与到可持续能源的推广，降低碳足迹，为环境保护作出贡献。太阳能热水系统在家庭中的广泛采用已经成为太阳能技术成功融入日常生活的一个标志。它代表着可再生能源的未来，为家庭提供了清洁、高效、经济实惠的供热解决方案。

2. 商业系统

太阳能热水系统在商业领域的广泛应用已经成为一项重要的能源效率措施，特别是在大型建筑，如酒店、医院、学校和工业设施中的应用。这些商业用户通常有巨大的热水需求，这使太阳能热水系统成为一个优质选择，因为它们能够显著降低运营成本，提高环境效益，并在相对较短的时间内回收投资。

在商业环境中，太阳能热水系统通常需要规模更大、更复杂的设计，以满足更高的热水需求。这些系统包括更多的太阳能集热器单元，更大容量的储热水箱，以及更强大的循环泵和控制系统。这种规模化的设计可以确保商业用户的热水需求在任何时候都能够被满足，也不会中断其正常的运营活动。商业用户通常能够在较短的时间内实现投资回报，这是因为它们的能源消耗量较大。通过使用太阳能热水系统，它们能够显著减少能源开支，降低热水供应的成本，从而在经济上受益良多。这些被节省的资源可以用于改善服务质量、扩展业务或进行其他重要投资。商业用户选择使用太阳能热水系统还有助于提高其环保形象。在当今的市场中，越来越多的消费者关注可持续性和环保问题。因此，商业用户通过采用清洁能源解决方案，如太阳能热水系统，可以吸引那些更注重环保的客户和合作伙伴，提高自身的社会形象。

3. 政策支持

政府的政策支持在太阳能热水系统的发展和普及中发挥着重要作用。这些政策措施有助于降低用户的初始投资成本，提高太阳能热水系统的经济吸引力，从而推动了这一清洁能源技术的普及。

许多国家和地区提供直接的补贴或资金支持，以帮助家庭和商业用户安装太阳能热水系统。这些补贴通常覆盖了一部分系统的安装成本，降低了用户的负担。此外，一些政府还设立了太阳能热水系统的奖励计划，以鼓励更多人采用这一技术。这些奖励计划可能包括一次性奖金、购买补贴或者每年的能源奖励。税收减免是另一种政策支持方式。一些地方政府允许太阳能热水系统的安装成本从房产税中抵扣，从而减轻了用户的财务压力。这种税收激励措施鼓励了更多的房主和企业主选择太阳能热水系统，从而提高了系统的普及率。政府还可以采取其他措施来支持太阳能热水系统的发展。例如，制定建筑法规，并要求新建筑必须安装太阳能热水系统或者提供在太阳能热水系统安装，并的技术支持和培训。这些举措有助于增加太阳能的市场需求，促进技术创新，降低系统成本。

4.市场潜力

太阳能热水系统具有巨大的市场潜力，未来的发展前景非常广阔。这一技术在全球范围内受到越来越多的关注和推广，原因如下。

全球对可再生能源的需求不断增加。随着能源需求的不断增长和环境保护意识的提高，人们越来越注重减少碳排放和使用清洁能源。太阳能热水系统作为一种清洁、可再生的能源解决方案，能够满足这一需求，因此具有巨大的市场潜力。技术的不断进步和成本的降低使太阳能热水系统更具吸引力。随着太阳能集热器和热能储存技术的改进，系统的效率被不断提高，成本不断下降。这使太阳能热水系统在经济上更具竞争力，吸引了更多的用户。发展中国家的市场潜力巨大。在一些发展中国家，电力供应不稳定，能源成本较高，因此太阳能热水系统为满足热水需求提供了一种经济有效的解决方案。这些国家市场潜力巨大，将成为太阳能热水系统未来应用普及的重要驱动力。政府的政策支持也将继续推动太阳能热水系统市场的发展。政府通过提供补贴、税收减免和制定法规等方式，鼓励公众采用太阳能热水系统，从而推动市场增长。

2.1.3　太阳能供暖系统

太阳能供暖系统作为可再生能源技术的重要组成部分，近年来受到了广泛关注。这一系统以太阳能为主要能源，为住宅和商业建筑提供暖气供应，不仅减少了对传统化石燃料的依赖，还显著降低了环境污染。随着技术的发展和成本的降低，太阳能供暖系统在全球范围内得到了迅速的推广和应用。

1. 设计方案

太阳能供暖系统的设计方案是确保系统被成功推行使用的关键。这些系统通常包括太阳能集热器、储热设备、热交换器和分配系统，下面将详细探讨有效的设计方案。

太阳能供暖系统的设计必须考虑到建筑的地理位置和气候条件。不同地区的日照时间和太阳辐射量会有所不同，因此系统的规模和配置需要根据具体的地理位置进行调整。例如，在阳光充足的地区，人们可以采用更大规模的太阳能集热器，以确保捕获到充足的太阳能资源。建筑物的热需求也是设计的重要考虑因素。不同建筑在供暖需求上有差异，因此系统的容量和供热能力需要根据建筑的大小和用途来确定。设计时人们需要充分考虑冬季和夏季的热需求，以确保系统在全年内都能够满足建筑的供暖和热水需求。可用的太阳能资源也需要被纳入设计方案中。这包括考虑太阳能集热器的朝向、倾斜角度和位置，以确保在一年中的不同时间都能够最大化捕获太阳能。先进的模拟和计算工具，可以帮助设计师优化集热器的布局和配置，提高系统的效率。有效的设计方案还应考虑美观性和系统与建筑的整体协调性。太阳能供暖系统的组件通常需要与建筑外观相融合，以确保不影响建筑的外观。这需要设计师在设计阶段就充分考虑，可能需要选择适合的材料和颜色，以确保系统与建筑和谐统一。系统的可维护性和操作性也是设计方案的重要组成部分。系统应该易于维护和操作，以降低运行成本并确保系统的长期稳定运行。这包括考虑到集热器的清洁和维护、储热设备的定期检查以及自动控制系统的可靠性等方面。

2. 系统集成

系统集成是确保太阳能供暖系统高效运行的关键要素。太阳能供暖系统需要与建筑的其他供暖和能源系统有效集成，以确保在不同条件下都能够提供稳定的供暖和热水。下面将详细讨论系统集成的重要性以及相关的影响因素。

太阳能供暖系统在太阳能资源充足的情况下能够提供大部分的供暖和热水需求，但在夜晚或多云天气等条件下，太阳能供热可能不足。因此，与传统的供暖系统（如燃气锅炉或电暖器）集成可以确保在太阳能不足的情况下平稳过渡到其他能源系统，以满足建筑的热需求。这种能源切换可以通过智能控制系统实现，人们可以根据实时数据和预测来调整能源来源，以达到最佳的能效比。太阳能供暖系统可以将其他供暖系统作为备用热源，以应对突发情况或太阳能资源不足的情况。这确保了建筑的供暖需求不会被中断，提高了系统的稳定性。此外，系统集成还可以降低系统维护和运行的复杂性，简化了操作和管理。智能控制系统在系统集成中的应用也是至关重要的。这类控制系统可以监测太阳能供暖系统的性能和太阳能资源的可用性，并根据需要自动调整系统的运行状况。例如，当太阳能资源充足时，智能控制系统可以优先使用太阳能供热，以达到能源利用效率最大化。当太阳能不足时，系统可以自动切换到备用热源，以确保供暖不受影响。这种自动化控制有助于能源浪费，提高系统性能。系统集成还包括与建筑结构的物理集成，以确保太阳能集热器的安装和布局与建筑的整体协调性。集热器的位置、朝向和倾斜角度需要经过精心设计，以确保在一年中不同季节和不同天气条件下都能够最大化捕获太阳能。此外，集热器的外观也需要与建筑相协调，以确保不影响建筑的美观性。

3. 运行维护

运行维护是确保太阳能供暖系统持续高效运行的不可或缺的一环。对太阳能供暖系统的定期检查和维护有助于系统的长期性能保持在较高的水平上，并确保其在各种天气条件下都能有效运行。太阳能集热器容易被尘埃、污垢和其他污染物影响，这些污染物会附着在集热器表面，降低吸热板的吸收率，影响热能的转换效率。因此，定期检查和清洁太阳能集热器是确保系统高效运行的重要环节。清洁过程通常包括除去灰尘和污垢，确保吸热板表面的干净整洁，以便其更好地吸收太阳辐射。通过安装传感器和监测设备，人们可以实时监测太阳能供暖系统的性能。这些设备可以收集有关太阳能捕获、热储存和供热的数据，帮助用户和维护人员了解系统的运行状况。实时数据可以用于判断系统是否正常工作，是否需要调整或维修。在一些先进的系统中，监测设备还可以通过互联网连接，使用户随时远程监控系统性能。太阳能供暖系统涉及热水储存、热交换和管道输送等复杂的组件，如果设计或安装不得当，可能就会带来安全风险。因此，定期的安全检查和维护可以确保系统的安全性。这包括检查管道和阀门是否正常，确保热储存设备没有泄漏或腐蚀等问题。维护人员需要定期检查和维护系统的其他组件，如循环泵、控制系统和备用加热设备。

这有助于工作人员及时发现并解决潜在的问题，以避免系统故障和损坏。

4.案例分析

太阳能供暖系统在中国的应用案例表明，这一技术在多种环境下都具有显著的经济和环境效益。

在中国的农村地区，太阳能供暖系统已被成功应用于许多家庭。这些地区通常面临着传统能源供应不足的问题，电力和天然气等传统供暖方式难以满足需求。因此，许多农村家庭选择安装太阳能供暖系统，通过捕获阳光来获取温暖的供暖水。这种方式不仅节省了能源成本，还改善了家庭生活条件。例如，中国西北地区的青海省属于高原气候，冬季寒冷而漫长，传统供暖方式的运营成本较高，因此政府和环保组织积极推广太阳能供暖系统。在一些村庄和学校，太阳能供暖系统已经安装并运行多年，取得了良好的效果。这些系统包括太阳能集热器、储热装置和分配系统，能够为村民和学生提供适宜的供暖，减轻了人们的能源负担，同时降低了温室气体排放。另一个重要的案例是中国的太阳能供热项目。中国的一些城市和工业园区已经开始采用太阳能供热系统，并将之用于供应工业过程中所需的热水及供暖系统。这些系统通常规模较大，因此太阳能供热系统在减少运营成本和环境影响方面具有巨大潜力。通过在工业过程中集成太阳能供热系统，企业可以显著减少对天然气或电力等传统能源的使用，从而降低生产成本，同时改善环境。

2.1.4 太阳能与其他能源的协同

太阳能与其他能源的协同是实现能源可持续性和效率最大化的关键策略。这种协同不仅能够提高能源利用效率，还能降低能源系统的整体成本，同时能对环境产生积极影响。在当前全球能源转型和气候变化的背景下，探索和实践太阳能与其他能源的协同变得尤为重要。

1.协同机制

协同机制是一种关键的能源管理方法，旨在最大程度地发挥各种能源系统的优势，以实现能源的互补和优化配置。这一机制的核心在于将太阳能系统与其他能源系统（如风能、生物质能、传统化石燃料能源等）进行有效结合，以确保能源的可持续供应和高效利用。

太阳能和风能是两种常见的可再生能源，但它们都受自然因素的影响，如天气和季节变化。协同机制可以通过将太阳能和风能系统的结合，实现能源的互补。例如，当太阳能发电效率低下或夜间无法发电时，风能系统可以补充能源供应。反之，当风能资源不足时，太阳能系统也可以提供稳定的电力输出。这种协同可以增加系统的可靠性，确保系统能连续供电。太阳能系统也可以与传统的化石燃料能源系统协同使用，特别是在太阳能资源有限或不稳定的地区。传统能源系统可以作为太阳能系统的备用能源，以确保人们在需要时能够获得持续的能源供应。这种协同可以在太阳能不足的情况下提高能源系统的弹性，以适应不同的能源需求。

在协同机制中，智能能源管理系统是关键的组成部分。这些系统利用传感器和数据分析来监测能源需求、能源供应以及系统性能。根据实时数据，智能系统可以自动调整能源的使用分配，以优化整体能源效率。例如，当太阳能资源丰富时，系统可以自动切换到太阳能发电，而在能源需求高峰期或太阳能资源不足时，系统可以调整为其他能源来源，以确保稳定供电。协同机制的实施可以显著提高能源系统的可靠性、可持续性和能源利用效率。通过将不同能源系统整合在一起，并结合智能管理技术，协同机制能帮助人们应对能源供需的波动性，减少对传统能源的依赖，并降低温室气体排放，促进能源系统的可持续发展。这种综合的能源管理方法对未来能源系统的发展十分重要，尤其是在追求清洁和可持续能源的时代背景下。

2. 效率评估

当考虑协同机制时，效率评估显然是一个重要的环节。这一过程涉及对不同能源系统的性能和表现进行全面的评估，目的是确保最佳的能源组合和运行模式。

不同的能源系统在不同的天气和气候条件下有不同的能量输出模式。例如，太阳能系统的能量产生受日照强度和时间的影响，而风能系统的能量输出则取决于风速。因此，监测和分析实际的能量输出数据，可以帮助人们了解每种能源系统的效率和产能。在协同机制中，这一评估用以确定最佳的能源组合，以满足不同时间段和气象条件下的能源需求。这种综合式考虑有助于确保能源供应的稳定性和可靠性。不同能源系统在不同的气象条件下表现出不同的稳定性。太阳能系统在晴朗天气下效率较高，而风能系统在多风天气下效率较高。通过对这些稳定性进行评估，人们可以确定每个系统在不同气象条件下的表现情况。协同机制利用这些信息，在不同的气象条件下切换或调整能源系统，以保持系统的稳定性，确保持续供能。

可靠性评估涉及能源系统的长期性能。这包括考虑到设备的寿命、维护需求和性能退化等因素。了解系统的可靠性有助于制定合适的维护计划，以确保系统的长期稳定运行。在协同机制中，这类评估还有助于确定哪些系统需要更频繁的维护，以保持性能的稳定。环境影响评估也是协同能源系统设计的一部分。不同能源系统可能会产生不同数量和类型的排放物，对生态系统也会有不同影响。评估这些环境影响可以帮助人们确定最佳的能源组合，以使负面影响达到最小并促进可持续发展。这一综合考虑确保了协同机制的环保性和可持续性。经济性评估也是不可或缺的一环。它包括各个能源系统的初始投资成本、运营和维护成本以及长期的回报等内容。通过对不同能源系统的经济性进行评估，人们可以找到最具成本效益的能源组合，这种评估也能用于支持决策制定。这种综合考虑有助于确保协同机制的经济可行性，实现投资回报最大化。

3. 经济性分析

经济性分析在协同机制的实施中十分重要。这一分析旨在确保协同机制在经济上是可行的，并能够为投资者和用户带来经济效益。不同能源系统的建设成本可能会有很大的差异。太阳能和风能系统通常需要较高的初始投资，包括太阳能板、风力涡轮机等设备的购置和安装费用。而传统的能源系统，如燃气发电站或石油储备设施，也需要相当的资金投入。因此，经济性分析需要比较不同能源系统的建设成本，以找到最经济的组合。

不同能源系统的运行维护成本可能会因技术复杂性、设备寿命和维修需求而各异。太阳能和风能系统通常具有较低的运行成本，因为它们不需要燃料，并且维护要求相对较低。相比之下，传统的能源系统可能需要更高的运行和维护投入。经济性分析需要估算这些成本，并比较不同能源系统的运营成本。潜在的经济收益也是经济性分析的关键部分。协同机制可以通过提高能源利用效率和降低能源成本来实现经济收益。例如，太阳能和风能的协同可以减少电力购买成本，从而降低用户的能源支出。此外，通过协同机制而节省的能源也可以转化为经济收益，尤其是在电力市场价格波动较大的情况下。经济性分析需要综合考虑这些潜在的经济收益，以确定协同机制的经济可行性。

4. 实施难点

不同能源系统的技术兼容性和集成问题可能会导致系统运行效率下降，甚至出现故障。协同机制需要确保各种能源系统能够有效地协同工作，以实现能源的互补和优化配置。这要求人们开发先进的技术和控制系统，以确保不同能源之间的协调和使用时的平稳过渡。资金限制是实施协同机制的现实挑战。协同项目通常需要大量的资金投入，包括设备购置、设施建设和系统集成等方面的费用。尤其是在协同机制建设初期阶段，资金的不足可能成为限制项目推进的主要因素。需要探索吸引私人投资和融资的机制，以提高协同项目的可行性和可持续性。政策和法规障碍也可能妨碍协同机制的实施。缺乏明确的政策指导和支持可能增加不确定性，使投资者和开发者难以预测项目的风险和回报。此外，复杂的审批流程和不利的市场规则也可能增加项目建设的时间和成本。因此，政府需要制定明确的政策框架，简化审批程序，并建立市场机制，以促进协同机制的发展。用户对新技术的接受程度和对可持续能源的认识水平，直接影响协同机制的推广和应用。提高用户的环保意识和教育水平，以及提供相关信息和培训，可以增加系统的市场接受度。此外，示范项目的建设和成功案例的推广也有助于建立用户信心，并吸引更多参与者加入协同机制。

2.3　地源热泵技术与应用

地源热泵供热技术作为一种可持续的能源解决方案，近年来受到了越来越多的关注。它利用土壤、地下水、地表水的热能，为住宅、商业和工业提供热能。本节将深入探讨地热能的基本特性、开发潜力、技术难点以及对环境的影响。同时，笔者将详细介绍地源热泵系统的不同类型、设计原则、成本效益和成功案例。此外，本节还将探讨地热能与建筑集成的策略、优化热环境、提高能源效率和符合绿色建筑标准的方法。最后，笔者将展望地热能的未来发展，包括技术创新、政策环境、投资分析和国际合作的机会等方面。

2.3.1 地热能概述

地热能，作为一种清洁、可再生的能源，近年来在全球范围内引起了广泛关注。它源自地球内部的热能和内部储存的太阳能，可通过地热系统转化为供暖用能。这种能源的特性，使其成为未来能源结构转型的重要组成部分。

1. 能源特性

地热能源，包括深层和浅层地热资源，是一种独特的可再生能源，它不受天气和季节变化影响，因此对地热能源的开发尤为重要。无论是寒冷的冬季还是炎热的夏季，地下的地热能始终稳定并可供利用。深层地热资源通常来源于地球内部的热能，而浅层地热资源主要来自太阳能的积聚，这部分能量可以被地源热泵系统有效利用。

地热能作为一种稳定的能源供应，适合用于供暖和工业过程。用户可以从地热系统中获取稳定的热能，而无需担忧能源短缺或价格波动。地热能的采集虽需一定的资源投入，但系统一旦建成，通常能够持续产生大量热能，为相对较小的地区提供大量的能源供应。

开采和利用地热能源的过程中，温室气体排放较低，有助于减缓气候变化。此外，地热系统的运行不会造成空气或水污染，可以降低环境污染风险。与传统的能源生产方法，如燃煤或石油开采相比，地热能源的使用对保护环境和减少碳排放贡献显著。

2. 开发潜力

地热能源有巨大的开发潜力主要是因为地球内部有丰富的热能资源。地球核心的极高温度使地下岩层储存了大量热能，这些热能可通过地热系统被采集并转化为实用能源。地球内部的热能储量远超人类当前及未来的能源需求，因此地热能源有能力满足全球的能源需求，减少人们对有限化石燃料的依赖。

除了深层地热资源，地球的浅层地热资源也非常丰富。地表的土壤、地下水和地表水是巨大的太阳能集热器，它们收集了近 47% 的太阳能量，是人类每年能耗的 500 倍以上。这些浅层区域也是动态的能量平衡系统，自然地维持着能量吸收和散发的相对平衡。地源热泵技术能够有效利用存储在这些浅层区域中的热能。全球各地普遍分布的地热资源，无论是深层的还是浅层的，都具备广泛的应用潜力，不仅可用于供热和供电，还可应用于工业过程和农业。

随着技术的不断进步，人们对地热资源的勘探和开发变得更加高效和经济。现代地热系统利用先进的钻探技术和热交换器，可以更深入地采集地下热能，提高能源利用效率。此外，地热发电技术的发展也使地热能源颇具吸引力。传统的地热系统主要用于供热，而新一代地热发电技术将地热能转化为电能，为电力网络提供可靠的清洁能源。对地热能的开发有助于减少温室气体排放和环境污染。相对于化石燃料，使用地热能源可以排放较少的二氧化碳和其他污染物，有助于降低全球气候变化的风险。这使地热能源在实现全球可持续发展目标的过程中扮演着重要角色。

3. 技术难点

地热资源的勘探和评估是开发地热能的关键步骤。地热资源通常分布不均匀，人们需要进行准确的地质勘探来确定最佳的开采地点。这包括对地下岩石结构、温度梯度和地下水流等因素的详细分析。为了充分利用地热资源，人们需要开发出更先进的勘探技术，以提高资源勘探的准确性和效率。同时，人们需要建立地热资源数据库，以帮助决策者更好地规划地热项目。深层地热能源通常储存在地下几千米深的地方，因此人们需要开发高效、成本可控的钻探技术来获取热能。传统的钻探技术可能昂贵且耗时太长，因此人们需要不断研发新的钻探技术，以降低开采成本。这可能包括研究更耐高温高压的钻井设备，以应对深层地热资源的特殊挑战等。地热能的开发必须考虑如何最大限度地减少对地下水资源和地质结构的影响。地下水和地热能源之间存在复杂的相互作用，不当的开采可能导致地下水位下降或水质受到污染。因此，人们需要研究和采用环保的地热开采技术，确保地下水资源的可持续利用。此外，地下岩石结构的稳定性也是一个关键问题，特别是在高温高压环境下，需要开发出适用于这些条件的地热井筒和井壁材料。

4. 环境影响

地热开发可能会引起地面沉降和微震。这是因为地热能的开采需要将地下的热水提升到地表，这个过程可能导致地下水位下降，从而引起地面发生沉降。此外，在地热井中注入和抽取热水时，也可能引发轻微的地震。虽然这些微震通常是微弱的，但人们也需要对其进行监测和评估，以确保地热开发不会对周围地区的建筑物和土地稳定性造成负面影响。因此，在地热项目的规划和实施中，人们需要充分考虑地质条件，以降低引发地面沉降和微震的潜在风险。

地热流体中可能含有溶解的气体和矿物质，需要妥善处理以避免对地表水和土壤造成污染。在开采地热的过程中，地下热水被提升到地表，并在地热厂中用于能源生产。然后，冷却后的地热流体需要妥善处置。地热流体中可能含有二氧化碳、硫化氢等气体，以及硅、硼等矿物质。这些物质如果未经处理就排放到环境中，可能会对地表水质和土壤产生不良影响。因此，地热项目需要建立有效的废物处理和排放控制系统，确保地热流体的污染物得到适当处理，以保护周围环境的质量。

地热资源通常分布在具有独特生态系统的地区，如火山地区或温泉区。在开发地热能时，人们要遵循保护环境的原则，确保当地的生态系统不被破坏。这包括采取措施减少对当地植被和野生动物的干扰，并确保开发活动不会对当地生态多样性产生永久性的不利影响。此外，开发商应与当地政府和环保组织密切合作，制定可持续发展的地热项目计划，以确保环境和生态平衡因素得到充分考虑。

2.3.2　地源热泵系统

地源热泵系统利用地球内部的热能为住宅、商业建筑甚至整个社区提供暖气和热水。这种系统的高效率特点和环境友好性使其成为可持续能源解决方案的重要组成部分。

1. 系统类型

地源热泵系统具有多种类型，在不同的应用场景下，不同类型的地源热泵系统各自发挥着重要的作用。下面将详细探讨地源热泵系统的两种主要类型：浅层地热系统和深层地热系统。

浅层地热系统，也被称为浅层地源热泵系统，是一种适用于单个建筑或小型住宅群的供暖和制冷解决方案。这种系统的核心在于充分利用地下的稳定温度，为人们提供舒适的室内环境。浅层地热系统通常包括地下管道网络，通过这些管道，热泵系统能够将地下的热能吸收到建筑中用以供暖，或者将建筑内的热量排放到地下用以制冷。这个过程是利用热泵技术而展开的，其中涉及工质流体，通常是水或抗冻液，工质流体通过地下管道循环流动，实现热量的传递。浅层地热系统的优势在于适用范围广泛，从独立住宅到小型商业建筑都可以利用这种节能的供热和制冷方式。它减少了对传统能源的依赖，有助于减少温室气体排放，并能降低能源成本，特别是在长期运营中，节能效果颇为显著。

深层地热系统更适用于大规模供热，如城市供暖网络或大型工业设施。这类系统通常需要深层的地热资源，因此需要人们建设更复杂的地热井，并研发更好的热能提取技术。深层地热系统的工作原理与浅层系统类似，但有更高的能量输出和供暖效率。在这类系统中，地下的地热资源通过深井被提取到地表，然后通过热交换器将热能传递到供热网络中。这种系统通常需要大量的设备，包括地热井、热交换器、供热管道等。然而，一旦建成并投入运营，深层地热系统可以为城市或工业区域提供大规模的、可靠的供暖服务，从而显著降低人们对传统燃料的需求，减少温室气体排放，并为大型能源用户节省能源成本。

2. 设计原则

详细的地质调查和热能需求分析是设计地源热泵系统的基础。这一原则强调了系统设计的科学性和准确性。通过深入了解地下地热资源的分布和特性，以及建筑物的实际热需求，人们才可以找到最佳的地热资源利用方式和系统规模。地质调查包括地热资源的温度、流量和可利用性等方面的研究，而热能需求分析涵盖了建筑物的供热和制冷方面的需求分析，包括季节性和日变化的需求模式等内容。只有在充分了解这些因素的基础上，系统设计才能够满足人们的实际需求，实现高效能源利用。

系统设计应重点考虑系统的可持续性。这意味着在整个系统的生命周期内，人们需要采取措施来尽可能地降低对地下水资源的影响并确保地热井的长期稳定性。这一原则是为了保护环境和地下水资源的健康，确保地热开发不会对生态系统造成不可逆的损害。为实现这一目标，设计方案中需要包括地下水监测和管理措施，以及合适的井筒设计等内容，以降低井筒堵塞和腐蚀的风险。此外，系统设计还应考虑到地热资源的可再生性，以确保资源的长期可持续开发和利用。

系统的设计原则还包括考虑到与现有能源系统的集成。地源热泵系统通常需要与电网互动，以实现能源的平衡和灵活调整。此外，与其他可再生能源系统的协同也是关键，如与太阳能和风能系统的整合，这样人们就可以在不同气象条件下优化能源供应。这需要安装高级的控制系统并进行智能管理，以确保系统的高效运行，最大程度地降低能源成本。

3. 成本效益

地源热泵系统的初期投资相对较高，主要涉及地热井的钻探和系统的安装。这一成本通常是系统建设的主要开支，但它也为系统的长期运行奠定了坚实的基础。地热井的钻探需要高度专业的技术和设备，但井筒一旦建成，就通常有较长的使用寿命，几乎不需要大规模的维修或更新。因此，这一初期投资可以视为一次性支出，而不是持续的运营支出。地源热泵系统在运行阶段具有低成本的特点。地热能是一种可再生能源，因此能源成本较低。地热井产生的热能稳定可靠，不受季节和气候变化的影响，因此系统的能源供应相对稳定，不会像某些可再生能源一样容易受到天气变化的影响。这降低了系统运行的能源成本，有助于降低供暖和制冷的能源费用，从而提高成本效益。

由于地热井和地下管道位于地下，因此其所受到的自然损耗和环境影响较少。因此，系统通常只需要人们进行定期的监测和维护，就能确保稳定运行。这降低了维护成本，并延长了系统的使用寿命，从而提高了长期成本效益。地源热泵系统的长期运行稳定性和可靠性使其成为一个经济上吸引人的选择。尽管初期投资较高，但随着时间的推移，这些投资在几十年内就可以得到回报。此外，地源热泵系统不受燃料价格波动的影响，这降低了能源价格的不确定性，可为用户提供长期的经济保障。

4. 案例研究

在中国，地源热泵系统的普及应用在一些城市和地区取得了显著的成就。例如，重庆市作为中国的一个重要城市，拥有广泛的地热资源，这些资源就得到了充分的利用。在重庆市的一些区域，地源热泵系统已成为主要的供暖方式。这些系统通过地下地热井采集地热能，然后将之分配到居民和商业建筑中，以进行供暖和热水供应。这一系统的建设和运行不仅显著降低了城市居民的供暖费用，还大大减少了对传统燃煤供暖的依赖，从而改善了空气质量和环境状况。另一个是北京的北苑家园地源热泵供暖项目。该项目是北京市最大的地源热泵区域集中供暖项目，地热供暖面积 40 万平方米，供生活热水面积 50 万平方米，实现了地热水的梯级利用，并结合水源热泵系统，满足了小区内的冬季供暖、夏季制冷的需求，同时满足了人们对温泉洗浴热水的需求。该项目作为该地区最大的地源热泵项目，不仅证明了地源热泵系统的可行性，还为奥运公园开发利用地热资源提供了很好的示例。北苑家园地热供暖项目采用热泵技术和回灌技术，不仅提高了地热能利用率，还保护了地质环境，降低了供暖成本，并且改善了城市环境，减少了对传统能源的依赖。这些成功案例为中国以及其他地区的城市提供了一个颇有前景的替代供暖方式，有助于实现可持续发展并减少环境影响。事实证明，推广和改进地源热泵技术，可以为更多地区的居民和企业带来经济和环境的双重效益。

2.3.3　地热与建筑的集成

地热能与建筑的集成是现代建筑设计中的一个重要方向，旨在通过利用地球内部的稳定热源，提高建筑的能源效率和舒适性。这种集成不仅有助于减少建筑对传统能源的依赖，还能显著降低长期运营成本，同时对环境产生积极影响。

1. 建筑设计

在现代建筑设计中，可持续性和环保已经成为人们的主要关注点之一。地热能作为一种清洁、可再生的能源形式，正在被越来越多地纳入建筑设计之中，以帮助人们实现提高能源效率和保护环境的目标。建筑设计师和工程师在规划和设计过程中需要密切合作，以确保地热能的集成得以顺利实施。

建筑的方向和布局是地热集成的重要考虑因素。建筑应该被设计成能最大限度降低房间负荷的样式，以减少用能的需求。通常情况下，建筑的朝向和窗户的位置应考虑到冬季和夏季的太阳路径，这可以通过优化窗户和门的位置来实现，以便在冬季最大程度地吸收太阳热量，同时在夏季最大程度地减少阳光直射，降低建筑的热负荷与冷负荷。建筑材料的选择也对地热系统的效率有重要影响。建筑材料的热传导性能应该被考虑到，以减少热能的损失。例如，采用高效的绝缘材料可以降低墙壁、屋顶和地板的热传导，从而减少供暖和冷却时产生的能源消耗。此外，建筑外墙和屋顶的材料选择也可以影响太阳能的吸收和反射。地热能的集成还涉及地下地热井的设计和布局。这些井通常位于建筑周围的地下，用于采集地热能源。在设计这些井时，地下地热资源的分布和稳定性必须被纳入考虑。合理的地热井布局可以确保地热系统的高效运行，并最大程度地降低对地下水资源的干扰。建筑的智能控制系统也是地热能集成的关键部分。这些系统可以实时监测建筑内外的温度和湿度，根据需要自动调整供暖、冷却和通风系统。智能控制系统可以确保地热能被最佳利用，同时可以提高建筑内部的舒适度。

2. 热环境优化

热环境的优化指通过使用高效的地源热泵系统和其他相关技术，如地热地板辐射供暖系统，让建筑达到更均匀、更舒适的室内温度，同时最大程度地减少能源浪费。

地源热泵系统是地源热泵供热的核心组成部分。这些系统利用地下地热井中的热能提供供暖和制冷。地源热泵系统稳定运行的关键在于具备高效的热能转换能力。这些系统可以在冬季将地下储存的热能提取到建筑内，用于供暖，而在夏季则将多余的热能排到地下，实现冷却。这种热能的转换之中几乎不会排放温室气体，因此非常环保。地热地板辐射供暖系统是提供室内舒适温度的另一项重要技术。这种系统将供热管道嵌入建筑的地板中，通过辐射方式将热量均匀地传递到室内空间里。与传统的暖气系统相比，地热地板辐射供暖系统具有多个优势。首先，它可以提供更均匀的加热，消除了传统暖气系统中常见的冷热不均的问题。其次，这种系统不需要空气循环，从而减少了空气中尘埃和污染物的传播，能为人们提供更健康的室内环境。最重要的是，地热地板辐射供暖系统可以更高效地利用地热能源，将热量直接传递到人们的脚下，为人们提供更强的舒适感。

热环境的优化还包括智能控制系统的应用。这些系统可以监测室内和室外的温度、湿度以及其他环境参数，并根据需要自动调整地源热泵系统的运行。例如，在寒冷的冬季夜晚，系统可以提高供热效率，确保建筑内温度保持在让人体感到舒适的水平。而在温暖的夏季，系统可以降低供热强度，以减少能源消耗。室内空气质量也是热环境的一部分。应用地源热泵系统的建筑可以减少空气循环，从而降低尘埃和污染物的传播。此外，地热系统通常不会产生燃烧废气，因此可以让室内空气更加清洁和健康。

3. 能源效率

提高能源效率对减少能源消耗、降低运营成本和减少温室气体排放十分重要。地热供暖和制冷系统相较于传统的供暖和空调系统，通常具有更高的能源效率，这主要与地热系统的工作原理有关。

地热系统利用地下的相对恒定温度来实现供暖和制冷，这就使系统能够更高效地传递热量。在冬季，地热系统从地下吸收热能，并将之传递到建筑内部，使室内环境更加温暖。在夏季，系统则将多余的热量排放到地下，以实现制冷效果。传统的供暖和空调系统需要大量的电力或燃料来产生热量或达到制冷效果，效率相对较低。地热系统的运行成本也较低，因为它们不需要燃烧燃料。传统的供暖系统通常需要天然气、石油或电力来产生热量，而这些能源的价格常常有较大波动。同时，地热能源是可再生的，不受燃料价格波动的影响，这使地热系统的运行成本更加稳定可控。此外，地热系统的维护成本相对较低，因为它们通常寿命较长且不需要频繁的维修。除了地热供暖和制冷系统，建筑还可以采用其他可持续能源技术来进一步提高能源效率。例如，太阳能面板可以用于电力生产，以满足建筑的电力需求。节能照明系统可以减少电力消耗，高效绝缘和窗户设计可以减少能源浪费。这些技术的综合应用可以使建筑达到更高水平的能源效率，减少对传统能源的依赖。

4.绿色建筑标准

绿色建筑标准，如 LEED（Leadership in Energy and Environmental Design，绿色建筑评估体系）和 BREEAM（Building Research Establishment Environmental Assessment Method，英国建筑研究院绿色建筑评估体系），在地热能与建筑集成发展的引导和评估过程中扮演着重要的角色。这些标准为建筑项目提供了指导，确保它们在设计、建造和运营阶段都遵循环保和可持续性原则。实施地热能的集成可以在达到这些标准的过程中发挥重要作用，并有助于建筑达到更高的绿色等级。

实施地热能的集成与达到绿色建筑标准的能源效率要求密切相关。这些标准通常要求建筑最大程度地减少对传统能源的依赖，采用可再生能源。地热供暖和制冷系统正是符合这一要求的理想选择，因为它们能够提供高效、稳定和可再生的能源供应。通过将地热能系统纳入建筑设计和施工中，开发方可以让建筑更轻松地满足绿色建筑标准对能源效率的要求。地热能的集成有助于减少温室气体排放，符合绿色建筑标准对环境友好性的要求。这些标准通常要求建筑项目减少碳足迹，通过使用可再生能源和能效措施降低温室气体排放。由于地热能是一种清洁、低碳的能源形式，因此它有助于令建筑项目实现更低的碳排放水平。LEED 和 BREEAM 等标准通常要求人们对上述方面进行评估和认证，而地热能的集成可以为建筑在这些方面的提高提供支持。绿色建筑标准还关注建筑对环境的影响，包括水资源管理、材料选择、废物管理等方面。地热能的集成可以通过减少建筑对传统供暖和制冷系统的依赖，降低水资源消耗，同时减少废弃物的排放，从而有助于提高建筑在环保方面的综合表现。

2.3.4 地热能的未来发展

地热能作为一种可持续的能源解决方案，未来发展前景备受关注。随着全球对清洁能源和可持续发展的需求日益增长，人们对地热能的开发和利用正处于一个关键的转折阶段。在这一背景下，探讨地热能的未来发展，包括技术创新、政策环境、投资分析以及国际合作，对理解和推动这一能源领域的进步十分重要。

1. 技术创新

技术创新是地热能未来发展的关键驱动力。地热能作为一种可再生的、清洁的能源形式，具有巨大的潜力，但其开发和利用仍然受技术条件限制。未来的技术创新将帮助人们克服这些挑战，推动地热能的广泛应用和发展。

提高现有地热发电和供热系统的效率是技术创新的一个重要方向。现有的地热能系统通常在温度、压力和地下水位等方面存在一定的限制。通过改进地热井的设计和钻探技术，以及开发更高效的地热发电设备，人们可以提高能源提取的效率。例如，不断改进热泵技术进可以提高地热供暖和制冷系统的性能，使其更加高效。增强型地热系统（EGS）是一个潜力巨大的领域。EGS 技术让人们可以通过人工增加地下岩石的渗透性，在更深层的地层中提取热能。这种技术可以扩大地热资源的可利用范围，使更多地区受益于地热能。成功开发 EGS 需要人们解决地下工程和环境方面的一些问题，一旦实现，将为地热能带来革命性的变革。低温地热能的开发也具有重要意义。传统地热系统通常需要较高的地下温度才能实现高效能源提取，但低温地热系统可以在温度较低的地区实现能源有效利用。这种技术创新可以使地热能更加普及，满足更广泛地区的能源需求。

2. 政策环境

政府的支持政策对地热能的研发和商业化十分重要。这包括直接的财政补贴、税收优惠和设立清洁能源配额制度等政策措施。财政补贴可以降低地热项目的初始投资成本，提高项目的吸引力。税收优惠则可以减轻地热项目的运营负担，鼓励企业投资。清洁能源配额制度可以确保地热能源在电力市场中有竞争力。政府还可以通过购买地热能源、制定能源政策和提供技术支持来促进地热能的发展。政府需要考虑到开发地热能的环境影响。地热能的开发可能会造成地下水资源、地质结构变化和地面沉降等方面的问题，因此需要建立合适的环境监测和保护措施。政府可以制定严格的环境法规和标准，确保地热项目在不损害环境的前提下进行。此外，政府还可以鼓励地热项目采用环保技术，以减少项目对周围环境的不利影响。政府需要在国家和地区层面制定一致的政策框架，以避免不同地区之间的政策差异带来的不确定性。这将有助于吸引更多投资者和企业投入这一领域，促进地热项目的持续发展。政府还可以与行业协会和研究机构合作，制定技术标准，探索最佳实践，推动地热能的创新和发展。

3. 投资分析

投资分析对地热能项目的可行性评估十分重要。地热能项目通常需要大量的前期投资，包括地热资源勘探、井口开发、热能提取系统的建设以及与电网的连接等环节。因此，投资者需要仔细评估项目的经济可行性，以确保投资回报的稳定性。

投资者需要考虑项目的成本结构，包括勘探成本、井口开发成本、设备和系统的采购和安装成本，以及与项目相关的基础设施建设费用。此外，还需要考虑项目的运营和维护成本，包括定期的设备维护、地热井的管理和监测等。全面了解成本结构将有助于投资者确定项目所需的资金量。投资者需要评估项目的潜在收益，包括从地热能源产生的电力销售收入、供热和供冷服务的收费，以及可能获得的政府补贴和奖励。投资者需要进行详细的市场分析，了解能源需求和市场价格的趋势，以确定项目的潜在收益。风险评估也是投资分析的重要组成部分。实施地热能项目可能会面临各种风险，包括地质风险、技术风险、市场风险和政策风险。投资者需要仔细评估这些风险，并采取措施来减轻其影响，如采用适当的技术、进行适当的管理实践，以及与政府和能源部门合作等。投资者需要计算项目的财务指标，如净现值（Net Present Value，NPV）、内部收益率（Internal Rate of Return，IRR）和投资回报期（Return on Investment，ROI）。这些指标将帮助投资者确定项目的经济可行性以及投资的价值。

4. 国际合作

地热能的未来发展还需要国际合作。由于地热资源的分布具有地域性，不同国家和地区在地热能的开发和利用方面拥有不同的经验和技术。通过国际合作，人们可以共享知识、技术和最佳实践，加速地热能技术的发展和应用。此外，国际合作还有助于吸引跨国投资，推动地热能项目的实施。在全球应对气候变化的大背景下，国际合作在推动地热能等可持续能源解决方案的发展普及过程中，扮演着越来越重要的角色。

2.3.5　地源热泵供热的创新应用

地热能源，作为一种可持续的热能来源，对减少化石燃料依赖和降低环境影响有重要意义。随着技术的进步和环境意识的提升，地源热泵供热正在经历创新的应用和发展。这种能源的开发和利用不仅提高了能源效率，还促进了清洁能源的普及。

1. 地热能源的开发与利用现状

地热能源的开发利用历史悠久，近年来，随着技术的进步，其应用范围有了显著扩大，效率也有了明显的提升。现代的地热能源利用主要包括地热发电和地源热泵供热。在供热方面，地热能源被广泛应用于住宅供暖、温室种植、渔业养殖等领域。在一些地热资源丰富的地区，如冰岛、新西兰等国家，地热能已成为主要的能源供应方式。

2. 地源热泵系统的设计与优化

地源热泵系统的设计和优化要求人们综合考虑地热资源的特性、系统的热效率以及对环境的影响。系统设计包括地热井的钻探、热水或蒸汽的提取、热能的传输和分配等方面。优化措施包括使用高效的热交换器、优化管网布局以及采用先进的控制系统来调节供热量等。此外，地源热泵系统的设计还需要考虑与地区供热网络的兼容性和可持续性。

3. 地热能源与其他热源的协同

地热能源与其他热源协同使用可以提高能源效率和系统的可靠性。例如，地热能源可以与太阳能、生物质能源或传统的化石燃料供热系统结合，形成多能互补的供热系统。这种协同不仅能够平衡不同能源的供应波动，还能提高系统整体的经济性和环境效益。

4. 地源热泵供热的环境影响与政策支持

相比于传统的化石燃料供热，地源热泵供热有更低的环境影响。它减少了温室气体排放和空气污染物的排放。然而，地热能源的开发也需要考虑对地下水资源和地质稳定性的影响。因此，政策支持在推动地热能源可持续发展中扮演着重要角色。政府的政策支持包括提供财政补贴、制定环境保护标准、鼓励技术创新等措施，这些都是推动地热能源广泛应用的重要因素。

2.4 空气源热泵供热技术与应用

空气源热泵技术作为一种高效的供热解决方案，日益受到人们的重视。该技术通过从环境空气中提取热量来供暖，不仅具有能效高、环境友好的特点，还能适应不同的气候条件。本节将深入探讨空气源热泵的工作原理、系统类型、应用现状以及与传统供热方式的异同。同时，笔者将分析热泵性能的优化策略、环境温度的影响、节能技术以及供热系统的设计与实施。此外，笔者还将评估热泵供热的环境和经济效益，探讨政策、市场因素对其推广的影响，以及技术的市场潜力与发展趋势，为理解和推广这一技术提供全面的视角。

2.4.1 空气源热泵技术概述

空气源热泵技术，作为一种创新的供热解决方案，近年来在全球范围内受到了广泛关注。这项技术以高效能源利用特点和环境友好性，成为现代供热领域的重要发展方向。接下来，笔者将深入探讨空气源热泵的工作原理、系统类型、应用现状以及与传统供热方式的异同。

1. 空气源热泵的工作原理

空气源热泵技术是一种基于热力学原理的热能转换技术，涉及热量的吸收、压缩、释放和膨胀环节。下面将详细解释空气源热泵的工作原理。

（1）蒸发器

空气源热泵的工作过程始于蒸发器。在蒸发器中，制冷剂（通常是特定类型的制冷剂，如氟利昂）以低温状态进入，这个时候它处于液体状态。蒸发器通常安装在室外，暴露在外部环境的低温空气中。当外部空气中的热量接触到蒸发器的制冷剂，制冷剂就开始吸收热量并迅速蒸发成气体状态。这个过程导致外部空气温度下降，同时制冷剂蒸发后会变成低压低温的气体。

（2）　压缩机

接下来，低温低压的气体制冷剂被抽入压缩机。压缩机的作用是增加制冷剂的压力和温度，并将其转化为高压高温的气体。这一步骤需要消耗电能，以提高制冷剂的温度和压力，使其达到足够高的温度，进而释放热量。

（3）　冷凝器

高温高压的制冷剂气体接着进入冷凝器。冷凝器通常位于室内的供热系统中，如暖气片或地暖系统。高温的制冷剂气体流经冷凝器时，就会释放储存的热量，这个热量可以用于供暖或加热水。在这个过程中，制冷剂从气体状态转变为液体状态。

（4）　膨胀阀

冷凝后的液态制冷剂通过膨胀阀进入蒸发器，此时制冷剂的压力和温度会迅速降低。这个过程中制冷剂重新变成低温低压的气体状态，以便重新进入蒸发器，继续循环。

通过这个连续的循环过程，空气源热泵能够将外部空气中的低温热量转移到室内供暖系统或热水系统中。这一过程具有高效性，因为它只需要一部分驱动压缩机的电能，大部分热量来自外部环境。由于不涉及燃烧过程，空气源热泵被认为是一种清洁、高效的供暖和热水解决方案，有助于减少能源消耗和温室气体排放。

2. 空气源热泵系统的类型与特点

空气源热泵系统是一种高效的供暖、制冷和热水系统，有两种主要类型：空气 – 水系统和空气 – 空气系统。下面将详细介绍这两种系统类型的特点和优势。

（1）空气－水系统

空气－水系统是一种多功能的供暖和热水系统，它的许多优点，使之成为现代建筑和工业领域的理想选择。空气－水系统能够同时满足供暖和热水的需求。它从室外空气中吸收热量，然后将这些热量转移到水中，以提供室内空间的供暖和满足全年的热水需求。这使它成为一种多功能的系统，可以满足不同季节和不同应用的需求。无论是在严寒的冬季供暖还是在炎热的夏季提供热水，空气－水系统都能够高效运行。空气－水系统通常具有较高的能效。它们依靠从外部空气中吸收热能而不是燃烧化石燃料来产生热量。这不仅降低了能源消耗，还有助于降低能源的相关费用。由于系统的能效高，用户可以长期节省能源开支。空气－水系统的安装相对灵活。它们适用于各种不同类型的建筑，包括住宅、商业和工业建筑。此外，这些系统可以与不同类型的供暖系统和热水设备集成，为人们提供多种配置选项。这种灵活性使人们可以根据具体的建筑需求进行定制，从而满足不同场景的供热和供水要求。空气－水系统对环境的影响相对较小。因为它们不涉及燃烧过程，所以使用这类系统不会排放温室气体或其他污染物。这有助于减少建筑和工业过程的环境影响，促进可持续发展和环保意识的提高。

（2）空气－空气系统

空气－空气系统是一种全季节的供暖和制冷解决方案，它的许多优点，使其在各种应用场景中备受欢迎。这种系统可用来供暖或制冷，因此可以为人们提供全年的舒适室内温度。它能够直接将热量释放到室内空气中，从而在寒冷的冬季供暖或在炎热的夏季制冷。这使空气－空气系统成为一种适用于全季节的系统，无论是在寒冷的北方地区还是在温暖的南方地区，它都能够满足人们不同季节的需求。空气－空气系统通常具有高能效。它们同样依赖于从外部空气中吸收热能，而不是传统的加热或冷却方法。这有助于节省能源，降低能源费用，并减少对能源资源的需求。高能效也意味着更少的温室气体排放，有助于减少对环境的不利影响。安装空气－空气系统通常相对便捷。与空气－水系统不同，它们不需要配套安装室内水供应系统，这就为人们简化了安装过程。这种便捷性使空气－空气系统在一些特定的应用场景中更具竞争力，特别是在那些不需要大规模热水供应的建筑中。与空气－水系统一样，空气－空气系统对环境的影响相对较小。应用这类系统可以减少温室气体排放和空气污染，有助于改善室内和室外空气质量。这对提高居住和工作环境的质量以及减少环境影响都有积极的作用。

3. 空气源热泵在供热中的应用现状

空气源热泵在供热领域的应用现状反映了其在能源领域的重要性和应用前景。这一技术已经在多个领域得到广泛应用，包括居民住宅、商业建筑和工业领域。在居民住宅方面，空气源热泵系统越来越受欢迎。许多家庭选择将传统的供暖系统，如天然气或电阻加热，替换为空气源热泵系统，以降低能源费用并减少温室气体排放。尤其在气候温和的地区，这种系统非常受欢迎，因为它能够在冬季供暖的同时在夏季制冷，可以为人们提供全年的舒适温度。在商业建筑领域，许多办公楼、酒店、医疗设施和零售商店等场所也采用了空气源热泵系统。这类系统能够满足商业建筑大量的供暖和制冷需求，并在经济上更具竞争力。工业领域的一些特殊应用中，人们也采用了空气源热泵系统，特别是在需要低温制冷或冷却的工艺环节。例如，食品加工、制药和电子制造等行业都使用了这种系统，以满足其特殊的制冷需求。技术创新也推动了空气源热泵技术的发展。新的材料和设计以及智能控制系统的引入，使空气源热泵系统的性能得到不断提高。这些创新有助于降低能源消耗，提高系统的可靠性，并延长系统的寿命。

4. 空气源热泵与传统供热方式的比较

与传统的燃煤、燃气供热系统相比，空气源热泵系统在能效和环境效益方面具有显著的优势。首先，空气源热泵技术基于热力学原理，通过吸收外部空气中的热量来提供供暖和热水。这一过程中制冷剂在蒸发器中吸收环境热量并蒸发，然后在压缩机中被压缩，其温度和压力随之升高。接着，高温制冷剂在冷凝器中释放热量，这些热量可被用于供暖或加热水，之后制冷剂通过膨胀阀降低压力和温度，循环重新开始。

这种工作原理使空气源热泵具有以下特点，实现了供暖和热水供应的多功能性。空气源热泵系统将从室外空气中吸收的热量转移到水中，并用于为室内空间供暖和提供热水。这使它成为一个多功能的系统，并使之适用于冬季供暖和全年热水需求。空气源热泵通常具有较高的能效。它们利用了外部空气中的热能，而不是依赖化石燃料的燃烧，因此有助于降低能源消耗和相关的能源费用。这种系统的安装相对灵活，适用于各种不同类型的建筑，包括住宅、商业和工业建筑。它可以与不同类型的供暖系统和热水设备集成，为用户提供多种配置选项，满足不同场景的需求。最重要的是，空气源热泵系统对环境的影响相对较小。由于它们不涉及燃烧过程，不排放温室气体或其他污染物，有助于减少温室气体排放，因此它们符合全球的可持续发展趋势，同时有助于改善空气质量。因此，空气源热泵技术作为一种清洁、高效和多功能的供热解决方案，已经得到广泛应用，并在不断发展和改进中，成为人们更环保和经济的能源选择。

2.4.2　空气源热泵的性能优化

空气源热泵是一种高效的供热技术，性能优化是确保其能效和经济性的关键。性能参数的精确评估、优化策略的实施、对环境温度变化的适应能力，以及节能技术的应用，都是提升空气源热泵性能的重要方面。以下内容将详细探讨这些方面。

1. 性能参数与效率评价标准

空气源热泵是一种重要的供热和制冷技术，其性能参数和效率评价标准会直接影响系统是否高效运行。主要的性能参数包括能效比（Coefficient of Performance, COP）和季节性能系数（Seasonal Performance Factor, SPF）。

能效比是评价空气源热泵即时性能的关键指标。它表示热泵在特定工作条件下输出的热量与消耗的电能之比。通常情况下，能效比越高，表示热泵在同等电能消耗下会提供更多的热量，也就是说具有更高的能效。高能效比意味着更低的能源消耗和更低的能源费用，这对用户和环境都是有益的。因此，提高热泵的能效比是改善性能的一个关键目标。季节性能系数是更全面评估热泵性能的指标。与能效比不同，季节性能系数考虑的是热泵在整个供暖季节内的平均性能，包括不同季节和工况下的性能变化。季节性能系数还考虑实际使用条件下的性能，更为实际和有综合性。提高季节性能系数需要考虑系统在不同气温、湿度和负荷条件下的性能优化，以确保其在整个供热季节都能提供高效的供暖和制冷服务。

为了优化这些性能参数，热泵系统需要采取一系列措施。首先，合理地设计和选择热泵组件是关键，包括选择高效的压缩机、换热器和制冷剂，以及优化系统的控制策略。其次，定期维护和保养也是确保热泵性能良好的重要因素，包括清洁和更换空气过滤器、检查制冷剂充填量等。考虑到环境因素和气候条件的变化，热泵系统的设计和控制策略也应有一定的灵活性，以适应不同的工况和负荷需求。在不断发展和改进空气源热泵技术的过程中，提高其性能参数和效率评价标准是确保系统在能源效率和环境友好性方面保持竞争力的关键。随着科技的进步和经验的积累，人们可以期待未来的空气源热泵系统将更加高效、可靠，将为用户提供更经济、环保的供热和制冷解决方案。

2. 热泵性能的优化策略

为了提高空气源热泵的性能，采取一系列优化措施是很重要的。这些措施可以显著提高热泵的效率，减少能源消耗，降低运行成本，同时有助于减少对环境的影响，使热泵成为可持续供热和制冷的理想选择。

空气源热泵的性能主要通过其能效比和季节性能系数来评价。能效比是在特定条件下热泵输出的热量与其消耗的电能之比，是衡量热泵即时性能的重要指标。而季节性能系数则考虑整个供暖季节的平均性能，更能全面反映热泵的整体效率。优化这些性能参数，不仅可以提高能效，还能降低运行成本。为了提高空气源热泵的性能，可以采取多种优化措施。使用高效的压缩机和热交换器，可以提高系统的热交换效率。现代高效压缩机通常有更低的能耗和更高的性能，可以在提供相同供热或制冷效果的情况下减少电能消耗。采用先进的控制策略，如引入变频技术，人们可以使系统根据外部温度和供热需求自动调节热泵的运行，从而提高其整体效率和适应性。变频技术允许热泵根据外部温度和供热需求的变化来自动调节运行。这种智能控制可以确保热泵在不同工况下都能保持高效运行，避免过度能耗。通过实时监测和调整，热泵可以更精确地匹配负荷需求，从而提高整体性能。优化制冷剂循环也是提高性能的重要步骤。制冷剂在热泵循环中起着重要作用。选择合适的制冷剂，控制制冷剂充填量以及确保制冷剂循环的稳定性都可以影响系统的性能。定期检查和维护制冷剂循环是确保其正常运行的关键。系统设计和布局也可以影响热泵的性能。例如，在安装热泵时，人们应考虑室外和室内单元的布置，以确保空气流动畅通，不受阻碍。优化管道布局和绝缘材料的选择也可以降低能量损失。定期维护和保养是确保热泵性能稳定的关键。这包括清洁和更换空气过滤器，检查和清理热交换器，确保制冷剂充填量正常，以及检查电气元件的工作状态等。定期的维护可以延长热泵的寿命，同时提高其性能和效率。

3. 环境温度对热泵性能的影响

环境温度对空气源热泵性能的影响是一个重要的因素。热泵的基本原理是从室外空气中吸收热量，然后将之提供给室内供暖或制冷系统。因此，环境温度直接影响了热泵的能效和性能。

在低温条件下，热泵效的效率通常会降低，尤其是对空气源热泵而言，这一问题还伴随着结霜与融霜给系统运行带来的挑战。在较低的温度下，空气中热量含量减少，热泵需要更多能量来提取这些热量。这导致在低温下热泵需要更多电能来产生相同数量的热量，从而降低了能效比。能效比是衡量热泵性能的关键参数，指热泵输出的热量与其消耗的电能之比。因此，较低的能效比在低温条件下意味着更高的能源消耗和运行成本。

对空气源热泵而言，低温还会导致外部热交换器结霜，进一步降低热泵的效率。结霜是因为湿度较高的空气在热交换器上凝结并冻结，这需要人们设计让热泵系统进行周期性的融霜操作，而这一措施也会进一步增加能耗。

为应对低温下的性能挑战，人们可以使用低温型热泵。这类热泵通过特殊设计，如采用高效压缩机、优化的热交换器设计和先进的制冷剂循环系统，保证自身在寒冷环境中依然能高效运行。这些设计改进有助于提高热泵在低温环境下的能效比，同时减少结霜的频率和影响，确保热泵在冬季低温条件下仍能提供稳定的供热和制冷服务。

通过系统设计和热源管理，人们也可以最大限度地减少环境温度对热泵性能的负面影响。一种常见的方法是采用双回路系统，将其中一个回路用于在极端低温下工作，而另一个回路用于在温度较高的条件下工作。这种配置可以确保热泵在不同温度范围内都能保持较高的效率。定期的维护和保养也对热泵在低温条件下的性能有重要影响。确保热泵的各个组件和部件处于良好的工作状态，清洁和更换空气过滤器，以及监测制冷剂充填量都是使性能保持良好的关键步骤。

4.热泵系统的节能技术

在热泵系统中，应用节能技术是关键，这样可以显著提高系统的整体能效，降低运行成本，减少能源消耗，同时减少对电网的依赖。一些常见的热泵系统节能技术如下。

（1）　太阳能集成

将太阳能热水系统与热泵系统集成后，人们可以利用太阳能来预热供暖或热水的水源，从而降低热泵的工作负荷。这样可以显著提高系统的能效，并减少电能的消耗。太阳能集成设备通常包括太阳能集热器和热交换器，用以将太阳能热量转移到热泵系统中的水源或制冷剂中。

（2）　高效绝热材料

在热泵系统的管道和设备中，使用高效的绝热材料可以减少热能损失，确保热泵系统在输送热量时减少能量的散失。这些绝热材料通常包括高密度泡沫塑料或玻璃纤维绝热板，可以用于包覆管道、储罐和其他设备，从而提高系统的效率。

（3）　热回收技术

热回收是一种将废热或废水中的热能进行重新利用的方法。在热泵系统中，人们可以使用热回收技术从废热中回收热能，将之用于预热供暖或热水系统中。这可以显著提高系统的能效，并减少系统对外部能源的需求。

（4）　变频技术

变频技术允许热泵根据实际需求调整其运行速度和能力。这意味着在低负荷时，热泵可以以更低的速度运行，减少能源消耗。而在高负荷时，它又可以提高速度以满足需求。这种智能控制技术可以显著提高系统的效率，降低能源费用。

（5） **热储能技术**

热储能技术使人们可以将热量存储在热储罐或其他介质中，以备将来使用。它可以帮助热泵系统在低负荷时存储额外的热量，然后在高负荷时释放热量，从而使热泵不必长时间持续运行，提高系统的效率。

2.4.3 空气源热泵供热系统的设计与实施

空气源热泵供热系统的设计与实施是一个综合性的工程，涉及系统设计、集成安装、运行维护以及项目案例的深入分析。这些方面共同影响了热泵系统的效率、可靠性和经济性。接下来将详细探讨这些内容。

1.热泵供热系统的设计原则

在设计空气源热泵供热系统时，有几个关键原则需要考虑，以确保系统的能效、可靠性和可持续性。首先，能效匹配至关重要。系统的容量必须与建筑的热负荷相匹配，这需要人们进行详细的热负荷计算，并考虑到建筑的大小、绝缘性能、窗户类型、天气条件等因素。热泵容量的不足或过剩都会影响系统的性能和能效，因此匹配是关键。其次，气候适应性也是一个重要原则。气温和气候条件对空气源热泵的性能有显著影响。设计时应考虑到不同季节和气温条件下的性能变化，以确保系统在各种环境下都能正常运行。这可能需要人们采用高效的低温型热泵，以适应极端低温条件。系统设计应具有足够的灵活性，以应对变化的需求和条件。这包括系统的控制策略和调节能力等方面，以使其在不同负荷条件下自动调整运行。灵活性还包括系统的设计方面，应有容纳未来升级和改造的空间。可扩展性也是一个关键原则，设计时应考虑到未来的发展。设计应具备可扩展性，以便在需要时增加系统的容量或提高某些性能。这可以通过在设计阶段留有足够的余地来实现，以容纳额外的热泵单元或管道系统。与其他系统的集成也需要纳入考虑，因为许多建筑可能会同时使用其他能源系统，如太阳能电池板、风能系统或传统的锅炉。系统设计应考虑到与这些系统的集成，以实现最大程度的协同作用，获得更高的能源效益。节能也是一个重要原则，相关措施包括采用高效的绝热材料、热回收技术和智能控制系统。这些措施有助于提高系统的整体能效，减少运行成本和对外部能源的依赖。系统设计还需要关注环保性能。考虑到全球可持续发展的趋势，系统设计应尽量减少对环境的负面影响，包括减少温室气体排放、制订节水措施和废弃物管理计划等。

2. 热泵系统的集成与安装

热泵系统的集成与安装是确保其高效运行的关键环节。在整个过程中，人们需要综合考虑建筑的特点和用户的具体需求，以确保系统在不同季节和气候条件下都能提供可靠的供热和制冷服务。

热泵的位置是一个重要的考虑因素。通常，室外空气源热泵会安装在建筑的外部，因为它需要从外部空气中吸收热量。热泵的位置应尽可能地靠近供热或制冷区域，以最大程度地减少管道长度，降低能源损失。此外，人们需要考虑到周围环境的通风情况，以确保热泵获得足够的空气供应。管道布局也是一个重要因素。管道是连接热泵与建筑内部的供热或制冷系统的装置。管道的布局应尽可能简洁，避免出现多余的弯曲和转角，以减少流动阻力和能源损失。设计时也需要考虑管道的绝热材料和保温措施，以减少热能的损失。热交换器的安装也需要特别关注。热交换器是热泵系统中的关键组件，负责将热量传递到供热或制冷系统中。正确安装和维护热交换器，可以确保系统的高效运行。维护措施包括清洁和维护热交换器的表面，以防积灰或被腐蚀。在整个集成和安装过程中，选择有经验的安装团队十分重要。专业的安装团队具有丰富的经验，能够根据建筑的特点和用户的需求进行定制安装。他们熟悉热泵系统的工作原理和技术细节，并能够确保系统被正确安装和调试。遵循严格的安装标准和程序也是确保系统安全性和性能的重要环节。这包括符合当地建筑规范和安全法规，以及进行必要的许可和检查等。

3. 热泵供热系统的运行与维护

热泵供热系统的运行与维护对保持其长期的高效和稳定运行十分重要。这些系统由多个关键组件组成，包括压缩机、热交换器、膨胀阀和控制系统，每个组件都需要定期检查和维护。

定期的维护包括对系统的各个组件进行检查等措施。压缩机是热泵系统中最关键的组件之一，负责压缩制冷剂并提高其温度和压力。因此，检查压缩机的运行状态和性能很重要。这包括检查压缩机的工作温度和压力，以确保其正常运行，检查压缩机的电气连接，以确保没有松动或损坏状况等。热交换器也需要经常检查和维护。热泵系统中的蒸发器和冷凝器是热交换器的关键组成部分，它们负责在制冷和制热循环中传递热量。这些设施的表面容易受到灰尘、腐蚀和水垢的影响，因此需要定期清洁和维护。清洁热交换器表面可以提高热传递效率，减少能源损失。膨胀阀在调节制冷剂流量方面起着关键作用。定期检查和维护膨胀阀可以确保其正常运行，避免制冷剂流量过多或过少，从而影响系统的性能。控制系统也需要定期的监控和维护，包括检查温度传感器、压力传感器和电气连接的运行状态等。监控系统的运行参数可以帮助人们及时发现和解决问题，从而避免更大的故障和损失。定期更换部件也是维护的一部分。热泵系统中的某些部件，如过滤器和密封件，可能会因长时间的使用而磨损或老化，需要及时更换，以保持系统的性能和可靠性。

4. 热泵供热项目的案例分析

接下来，笔者将通过分析几个具体的热泵供热项目，深入剖析它们的设计特点、实施过程和效果。在一个气候寒冷的城市，一家房地产开发公司计划建设一个大型居民社区，为了提供高效且环保的供热解决方案，他们选择了空气源热泵系统。在设计阶段，工程师首先进行了详尽的热负荷计算，以确定每个建筑单元的供热需求。然后，他们选择了高效的空气源热泵，并将系统设计成多个可独立运行的子系统，以提高其灵活性和可靠性。在实施过程中，主要挑战之一是在寒冷的冬季条件下确保系统的高效运行。为此，他们使用了低温型热泵，同时采用了地下水循环系统，以提供额外的热量源。此外，他们还进行了隔热设计，以减少能源损失。该社区的供热系统在冬季可以高效供热，在夏季可以反向运行，提供制冷服务，让居民享受到了舒适的室内环境，同时能源消耗较低，能源费用也大幅下降。虽然初始投资较高，但考虑到长期的运行成本和环保效益，该项目在经济性方面表现出色。居民社区供热项目为未来提供了可持续的、可扩展的供热解决方案，并为其他类似项目提供了有益的经验。

另一个案例涉及一家大型商业办公楼的管理公司。他们决定升级其制冷系统，以提高能效并降低能源成本。他们选择了空气源热泵供冷系统。在设计过程中，工程师分析了建筑的冷负荷，选择了适当容量的空气源热泵，并设计了高效的分布系统，以确保冷空气能均匀分布到每个房间。实施中要面临的主要挑战之一是在商业楼宇运行期间完成系统升级。为了降低中断楼宇运行所带来的影响，工程师采用了分阶段的安装计划，同时保持了备用制冷系统的可用性。升级后，商业楼宇的制冷效果显著提高，室内温度更加稳定，员工和租户享受到了更加舒适的工作、生活环境。与传统的制冷系统相比，空气源热泵系统的能源消耗明显降低。尽管升级项目的成本相对较高，但在几年内，节省的能源费用和维护成本使项目的投资回报率非常有吸引力。此外，公司还享受到了与可持续发展相关的声誉和市场竞争优势。这两个案例突显了空气源热泵在不同情境中的成功应用。无论是供热还是制冷，空气源热泵系统都可以提供高效、可靠的解决方案，同时降低能源消耗，减少环境影响，为用户和企业带来实际的经济和环境效益。

2.4.4　空气源热泵的环境与经济效益

空气源热泵技术作为一种高效的供热方式，不仅在环境保护方面具有显著优势，还在经济性方面表现出色。此外，政策和市场因素对技术的推广起到了关键作用，同时，热泵技术的市场潜力和发展趋势也值得人们深入探讨。

1. 热泵供热的环境效益评估

热泵供热系统的环境效益评估是人们理解它为什么会被视为一种可持续能源解决方案的关键。与传统的化石燃料供热方式相比，热泵系统在减少温室气体排放和提高能源利用效率方面优势明显，可带来显著的环境效益。

传统的供热方式，如燃煤、燃油或天然气供热系统，通常需要大量的燃料，因此会产生大量的二氧化碳和其他有害的排放物。相比之下，热泵系统基本上不涉及燃烧过程，而是利用电能来传递热量。因此，热泵系统的运行不会产生直接的燃烧排放，从而显著降低了温室气体排放水平。这对应对气候变化和减少大气污染具有重要意义。热泵系统通过提高能源利用效率，减少了能源浪费，降低了对自然资源的依赖。这是因为热泵系统的工作原理是将外部热量转移到建筑内部，而不是依赖燃烧燃料产生热量。具体来说，热泵利用了热力学原理，从低温环境中吸收热量，然后通过压缩和释放热量来供热或制冷。这种过程相对于传统供热方式更为高效，因为它不仅能够在低温环境中工作，还可以在高温季节用于制冷，具有多功能性。通过更有效地使用能源，热泵系统降低了电能或其他能源的消耗，减轻了对能源资源的需求压力。传统的燃烧过程不仅会产生温室气体，还会排放有害的空气污染物，如氮氧化物和颗粒物。这些污染物会对人类健康和环境造成严重危害。热泵系统的无燃烧工作原理意味着它不会释放这些有害物质，有助于改善空气质量，减少与空气污染相关的健康问题的发生。

2. 热泵系统的经济性分析

从经济角度来看，空气源热泵系统在长期运行中有显著的经济性优势。尽管其初始安装成本相对较高，但在系统的整个使用寿命内，通过能源节省和维护成本的降低，热泵系统的总体拥有成本（Total Cost of Ownership, TCO）通常较低。

热泵系统通过从外部环境中吸收热量来提供供热或制冷服务，而不是通过燃烧化石燃料产生热量。这种能量转换过程通常比传统的供热系统更为高效，因此能够降低能源消耗和相关的能源费用。尤其是在长期运行中，能源费用的节省量将被逐渐积累，对家庭、企业或机构来说，这意味着较低的能源支出，有助于提高系统的经济性。热泵系统的维护成本相对较低，这也有助于提高其经济性。热泵系统的关键组件，如压缩机和热交换器，通常会设计成耐用且稳定运行的模式，因此不需要经常性地维修或更换。此外，由于热泵系统的无燃烧工作原理，运行过程中不会出现与燃烧过程相关的损耗和污染，因此不需要额外的维护工作，如炉灶的清洁和烟囱的维修。这降低了系统的维护成本，并降低了意外维修的需要，进一步提高了经济性。随着热泵技术的不断进步和规模化生产的推进，热泵设备的成本逐渐降低，从而提高了其经济性。尽管初始安装成本可能较高，但随着市场竞争的加剧和技术的成熟，热泵设备的价格逐渐下降。这意味着未来选择热泵系统的用户更容易获得具有竞争力的投资回报率。政府的能源补贴和激励计划也可以进一步降低系统的初始投资，并提高热泵系统的经济吸引力。

综合考虑以上因素，空气源热泵系统在经济性方面具有明显的优势。尽管初始成本较高，但通过能源费用的节省、较低的维护成本以及逐渐降低的设备价格，热泵系统在长期运行中的总体拥有成本通常更低，会为用户带来可观的经济回报。因此，考虑到长期的经济性和环保性，热泵系统在供热和制冷领域具有巨大的应用潜力。

3. 政策与市场因素对热泵推广的影响

政府政策在鼓励空气源热泵技术的普及和发展方面发挥着重要作用。许多国家制定了各种政策和措施，以推动热泵技术的应用普及。其中包括能源补贴计划，通过提供资金补助或税收优惠来减轻热泵系统的初始投资成本等。这些激励计划可以显著提高热泵系统的经济吸引力，鼓励更多用户选择这种环保、高效的供热解决方案。能效标准和环保法规的制定也对空气源热泵技术的市场推广产生了积极作用。政府制定了一系列的能源效率和环境标准，要求建筑和设备在设计和使用中符合一定的能效要求，这迫使建筑业和制造业采用更环保高效的供热和制冷技术，其中就包括热泵系统。这些标准和法规的实施可以推动市场向更绿色、更可持续的方向发展。市场因素也对热泵技术的推广产生了重要影响。随着公众对环保和能源效率的关注的不断增加，市场对高效、环保供热解决方案的需求也在不断上升。消费者和企业越来越愿意采用热泵技术，因为它们可以降低能源费用、减少温室气体排放，并提供更健康和舒适的室内环境。这种市场需求推动了热泵技术的不断创新和改进，促使制造商提供更高效、更可靠的产品。

4. 热泵技术的市场潜力与发展趋势

随着全球对可持续环保能源的需求的不断增长，热泵技术将在供热和制冷领域发挥更大的作用。传统的供热通常依赖于化石燃料，而热泵技术可以显著减少温室气体排放，符合全球减缓气候变化的目标要求。因此，政府、企业和个人将更加倾向于采用热泵系统，以满足能源需求并降低对有限自然资源的依赖。热泵技术的不断创新和相关设备性能的提高将进一步推动市场的增长。新材料的应用、更高效的压缩机和热交换器、智能控制系统等技术的发展，将使热泵系统更加高效、可靠，并能适应不同气候条件。这将吸引更多用户选择热泵技术，从而推动市场的扩大。热泵技术在不同应用领域中的多功能性也将助力其增加市场份额。除了供热和制冷，热泵系统还可以用于热水供应、游泳池加热、工业过程热能回收等多个领域。这种多功能性将使热泵技术在不同市场中具有更广泛的应用前景。热泵技术的市场潜力还受政府政策和市场因素的影响。政府的激励政策、能效标准和环保法规将继续推动市场的扩大。市场因素，如能源价格、用户需求和竞争格局，也将对热泵技术的发展产生影响。随着市场和技术的成熟，预计热泵技术将在未来几年内继续蓬勃发展，成为可持续能源供应的重要组成部分。这将有助于减缓气候变化、提高能源效率，并将为未来的能源供应和环保作出重要贡献。

2.5　废热回收与供热应用

废热回收与再利用是提高能源效率和环境保护力度的关键技术。它涉及将工业和其他过程中产生的废热转换为有用能源的过程，可以减少能源浪费和环境污染。本节将探讨废热回收技术的原理、应用领域、技术进展及其经济性。同时，笔者将深入分析废热利用系统的设计原则、效率提升方法和成本评估。废热的环境效益，包括减排潜力、资源循环、生态效应和政策支持也在讨论之列。最后，通过工业和城市供热的案例研究，笔者将展示废热利用的实际应用和创新模式。

2.5.1　废热回收技术

废热回收技术是一种高效的能源利用方法，它通过捕获和再利用工业过程中产生的热能，减少能源浪费并提高整体能源效率。这项技术的核心在于收集原本被排放到环境中的热量并再利用，从而实现能源的最大化利用。

1. 回收原理

废热回收的基本原理是通过热交换器或其他热能转换设备捕获工业过程中产生的热能。这些设备能够从烟气、蒸汽、热水或其他热介质中吸收热量，并将其转换为电力或用于其他加热过程。例如，使用蒸汽涡轮机，可以将高温蒸汽转换为机械能，进而产生电力；余热锅炉可以从废气中回收热量，用于产生蒸汽或热水。废热回收是一项重要的工程实践，旨在最大程度地利用工业过程中产生的废热，提高能源利用效率，减少资源浪费，降低能源成本，同时有助于减少环境影响。其基本原理涉及热能的捕获和再利用，通常通过热交换器或其他热能转换设备实现。

在工业过程中，许多环节都会产生大量废热。这些废热通常以烟气、蒸汽、热水或其他热介质的形式存在。废热回收的目标是从这些热介质中捕获热量，将其转化为有用的能源或热能，以满足工业过程的需求或用于发电。废热回收以后可以应用到各种工业领域，包括钢铁生产、炼油、化工、水泥生产等。一个常见的废热回收示例是余热锅炉。在一些工业过程中，烟气或废气中含有大量的热能。余热锅炉让这些废气通过热交换器把热量传递给水或其他工质，进而回收热能。这些废气中的热量会使工质升温，进而被用于产生蒸汽或热水。这样的蒸汽或热水可以用于供暖、加热工业过程或发电。这种方法有效地将废气中的热能转化为可利用的热能，减少了对额外燃料的需求。另一个废热回收的应用是蒸汽涡轮机。在一些工业过程中，高温高压的蒸汽是常见的废热产物。将这些高温蒸汽引入蒸汽涡轮机，可以将蒸汽的热能转化为机械能。蒸汽涡轮机可以连接到发电机，产生电力。这样废热就被有效地转化为电能，降低了工业过程的电力需求。废热回收还可以在空气调节系统中得到应用。在一些工业建筑中，冷却过程会产生大量的废热。这些废热可以通过吸收式制冷机或热泵系统来回收。这些系统利用废热来提供制冷或供暖，减少了电力的消耗。

2. 应用领域

废热回收技术在多个行业都有广泛应用，特别是在那些能源消耗大的行业，如钢铁、水泥、石化和电力行业。在这些行业中，大量的热能在生产过程中被排放，而通过废热回收技术，这些热能可以被重新利用，用于发电、供热或其他工业过程。此外，废热回收技术也可以被应用于垃圾焚烧和生物质能源利用中，进一步提高能源利用效率。

3. 技术进展

近年来，废热回收技术取得了显著的技术进展，这些进展在多个方面推动了废热回收的应用和效率的提升。新型高效的热交换器的研发使从低品位热源中回收热能变得更加有效。这类热交换器能够在高温差条件下实现高效的热量传递，从而提高了能源回收的效率。此外，应用先进的材料和涂层技术也有助于减少热交换器的热损失，进一步提高能源回收的效率。有机朗肯循环（Organic Rankine Cycle, ORC）技术的发展为废热回收开拓了新的领域。这种技术可以在相对低的温度下工作，能有效地从低温废热中产生电力。ORC 技术的应用范围不仅限于工业领域，还包括地热能利用和生物质能源发电等领域，为废热的综合利用提供了更多选择。热泵技术的进步也为废热回收提供了新的途径。热泵可以将低温热源中的热量升级到更高的温度，使其可以被用于供热或其他工业过程。这种技术不仅提高了废热的可利用性，还增加了废热回收的灵活性。

4. 经济性分析

高品位废热，如高温烟气或高温蒸汽，通常更容易被回收并被转化为有用的热能或电力，因此具有更高的经济性。这是因为高品位废热的回收所需的技术和设备投资相对较低，并且回收效率较高。相比之下，低品位废热（如低温水或低温废气）的回收通常需要更复杂的技术和设备，因此其经济性可能较低。然而，随着技术的不断进步，一些新型技术可以提高低品位废热的回收效率，从而提高了回收低品位废热的经济性。回收技术的成本也是影响其经济性的重要因素。不同的废热回收技术有不同的投资和运营成本要求。一般来说，技术投资较低、运营成本较低的废热回收系统更具经济性。因此，在选择回收技术时，企业需要综合考虑技术成本和预期的回收效益。能源价格也会对废热回收的经济性产生影响。如果能源价格较高，回收废热以减少能源消耗和成本的动机就将更加强烈。能源价格的上升可以提高废热回收项目的回收效益，进而提高其经济性。

企业和政策制定者可以进行经济性评估，以确定废热回收项目的可行性。这种评估应包括技术成本、回收效益、能源价格预测以及政府政策等多个方面的考虑，以便人们做出明智的决策，实现能源资源的有效利用和成本节约。在未来，随着技术的不断创新和成本的降低，废热回收技术有望在更广泛的应用领域发挥重要作用，并为可持续发展做出贡献。

2.5.2 废热利用系统设计

废热利用系统的设计是一个复杂且精细的过程，涉及多个方面的考量，从系统的构成到设计原则，再到效率提升和成本评估。这些因素共同决定了系统的性能、经济性和可持续性。

1. 系统构成

废热利用系统的构成是确保系统高效运行的关键要素。一个典型的废热利用系统通常的组成部分如下。

热源。它是废热利用系统的起点。热源通常是工业过程中产生的废气、废水或其他热介质。这些热源包含了大量的热能，如果不加以利用就会被浪费掉。废热利用系统的任务之一就是捕获这些废热并将其转化为有用的热能或电力。热交换器是废热利用系统中的关键组件之一。它的作用是从热源中吸收热量，并将其传递给工质（通常是水或空气）。热交换器的设计和性能直接影响着废热回收的效率。不同类型的热交换器，如壳管式热交换器、板式热交换器等，回收效果不尽相同，人们可以根据具体的应用需求进行选择。传输管道用于将热能从热交换器输送到实际的使用点。传输管道的设计应考虑到热能的传输效率和安全性。管道的绝热性和材料选择对减少能量损失至关重要。储热设备在一些情况下也是必需的。这类设备可以在热能供应过剩时将多余的热能储存起来，以备不时之需。储热设备的类型和规模取决于系统的需求和特点。控制系统是整个废热利用系统的中枢。它确保系统的各个组件协调运行，以达到最佳的热能回收效率。控制系统通常包括温度控制、流量调节、能量监测等功能，以确保系统稳定运行并满足使用需求。先进的控制系统还可以实现远程监控和自动化运行，提高系统的可靠性和可操作性。

废热利用系统是一个复杂而精密的工程体系，设计时需要综合考虑各个组件之间的协调性和性能，以确保废热能够得到高效、可靠的利用，从而实现能源的节约和环境的保护。不同行业和应用领域的废热利用系统可能会有不同的配置和组成部分，但其核心原理和目标都是相似的，即实现废热回收和利用的最大化。

2. 设计原则

在设计废热利用系统时，需要遵循一系列的关键原则并考虑多种因素，以确保系统的高效运行、安全性和可持续性。首要原则是确保最大程度地回收和利用热能。这需要人们对热源的性质进行详细分析，包括热量的品位（温度和热量含量）、可用性和稳定性。不同的热源可能有不同的温度和热量特性，因此需要选择适当的热交换器和转换技术来捕获热量。系统设计应考虑到可扩展性和灵活性。工业过程可能会随着时间的推移而发生变化，因此废热利用系统应具有足够的灵活性，以适应未来的工艺变化或能源需求的变化。这可以通过设计模块化的系统或预留额外的容量来实现。能源效率和环境影响也是设计的重要考虑因素。设计时应致力于减少能源损失和环境影响，以提高系统的可持续性。这可以通过采用高效的热交换器、优化的工艺流程和先进的控制系统来实现。

安全性和可靠性是不可忽视的因素，尤其是对于高温或高压的工作环境而言。废热利用系统必须具备稳定的性能，确保操作人员的安全，并防止潜在的事故发生。这需要人们采用合适的安全设备、监控系统和紧急应对计划。综合考虑这些原则，可以发现，废热利用系统的设计应该是一个综合性的过程，需要工程师和设计师综合考虑各种因素，以实现系统的最佳性能和效益。同时，与其他工程系统的协调和集成也是关键，它能确保废热利用系统与整个生产过程的无缝衔接。通过遵循这些设计原则，废热利用系统可以最大程度地提高热能的回收和利用效率，为企业带来显著的能源和经济效益。

3. 效率提升

为了提高废热利用系统的效率，人们可以采取多种策略和技术，热交换器的设计、系统集成或智能控制等方面，都可以有所提高。

优化热交换器的设计是提高废热利用系统效率的关键一步。热交换器是废热利用系统的关键组件，其设计直接决定了回收的效率高低。通过使用更高导热性和高传热效率的材料，改进热交换器的几何结构，减少传热面的壁垢和腐蚀，可以显著提高热交换效率。采用多级热交换器或换热网络也可以进一步提高效率。系统集成是另一个关键因素。废热利用系统应与工业过程或能源系统紧密集成，以最大限度地提高热能的回收和利用效率。通过在不同的工艺步骤之间传递热能，人们可以最大程度地减少能源损失。同时，与其他能源系统的协调也是重要的，它可以确保废热利用系统不会与其他系统发生冲突。采用先进的控制策略是提高废热利用系统效率的关键。这包括变频调节、智能控制和预测性维护等技术。这些控制策略可以根据实时数据和工作条件调整系统的运行，确保热能的最佳利用效率。例如，在负荷较低的时候，采用了先进控制策略的系统可以自主降低自身运行速度，减少能源消耗。采用智能监测技术也可以帮助提高废热利用系统的效率。这些技术可以实时监测系统的性能参数，如温度、压力和流量。这些数据可以用于及时发现和解决问题，防止系统出现故障或性能下降。数据分析和预测性维护，可以进一步提高系统的可靠性和效率。持续改进和培训是确保废热利用系统的效率得到提升的重要因素。组织定期的系统审核和操作人员培训是确保系统高效运行的关键。通过不断的培训和更新技术，操作人员可以更好地理解系统，并采取适当的措施提高其效率。

通过采取这些策略和技术，废热利用系统可以不断提高自身效率，从而实现更高效的能源回收，获得更多经济效益。这对减少能源浪费和环境影响，以及提高工业过程的可持续性都具有重要意义。

4. 成本评估

废热利用系统的成本评估涉及初始投资成本和运行维护成本两部分。初始投资包括设备购置、安装和调试系统的费用。运行维护成本则包括能源消耗、定期维护和可能的系统升级的费用。在评估成本时，人们还应考虑到系统的使用寿命和潜在的经济回报，如能源成本节约和可能的政府补贴。成本效益分析可以帮助决策者评估项目的经济可行性，并制定合理的投资计划。此外，随着技术的进步和能源价格的变化，废热利用系统的经济性可能会随时间而改变，因此需要定期进行成本效益分析，以确保长期的经济可行性。

5.废热利用技术

应用废热利用技术是提高能源效率和系统环境可持续性的重要手段。在工业、城市基础设施和建筑领域，大量的废热常常未被有效利用就被排出，造成能源浪费。随着技术的进步和环保意识的提升，废热回收和利用已成为提高能源效率、减少碳排放的重要途径。这类技术不仅有助于节约能源，还能带来显著的经济和环境效益。

（1） **工业废热回收的技术与应用**

工业过程中产生的废热是一种潜力巨大的未利用能源。通过高效的废热回收技术，如热交换器、余热锅炉和有机朗肯循环，人们可以将这些废热转换为电力或用于其他工业过程。例如，炼钢厂和水泥厂的高温废气可以通过热交换器回收，并被用于发电或供热，显著提高能源利用效率。这些技术的应用不仅减少了能源消耗，还降低了企业的运营成本。

（2） **城市污水热能回收与利用**

城市污水中蕴含大量未被利用的热能。通过采用热泵和热交换技术，人们可以从污水中回收热能，用于建筑供暖或热水系统。这种方法不仅提高了能源效率，还有助于减少城市的碳足迹。例如，一些城市已经开始利用污水处理厂的废热，为附近的社区提供供暖和热水服务，实现了能源的循环利用。

（3） **建筑废热利用的创新方法**

建筑领域的废热利用是提高能源效率的另一个重要领域。通过利用建筑内部的废热，如电器设备产生的热量，人们可以显著降低建筑的能源需求。创新的废热回收技术，如研发相变材料（Phase Change Material, PCM）和高效热交换系统，可以有效地收集和再利用这些废热，并将之用于建筑的供暖或制冷，提高整体能源效率。

（4） **废热利用项目的经济与环境效益评估**

废热利用项目不仅能提高能源效率，还能带来显著的经济和环境效益。经济上，废热回收项目可以减少能源消耗，降低运营成本，提高企业的竞争力。环境上，这些项目有助于减少化石燃料的使用和温室气体排放，减缓气候变化。对废热利用项目进行全面的经济和环境效益评估，可以让人们更好地理解其长期价值，促进这些技术的广泛应用和发展。

2.5.3 废热的环境效益

废热回收和再利用不仅是能源效率的关键组成部分，还是提高环境可持续性的重要途径。有效地回收和利用工业过程中产生的废热，可以显著减少能源消耗和温室气体排放，促进资源循环利用，改善生态环境，在政策上也会受到支持和鼓励。

1. 减排潜力

废热回收技术的应用在减少温室气体排放方面具有巨大潜力。回收工业过程中的废热，可以减少对传统化石燃料的依赖，从而减少二氧化碳和其他温室气体的排放。例如，钢铁和水泥行业会产生大量的能源消耗和碳排放，通过回收这些行业的废热并将之用于发电或其他工业过程，人们可以显著减少能源需求和碳足迹。此外，废热回收还可以减少空气污染物，如二氧化硫和氮氧化物的排放，这对改善空气质量和减少酸雨等有重要意义。

2. 资源循环

废热的回收和再利用是实践工业生态学和循环经济理念的关键步骤。在传统的线性经济模式中，能源被消耗后就成为废热，被排放到大气或水体中，导致资源浪费和环境污染。而在循环经济中，废热被视为一种宝贵的资源，具有再生利用的潜力。

一种常见的废热回收和再利用方式是将废热重新引入生产过程中。许多工业过程需要高温加热，如炼油、钢铁和水泥制造。人们可以重新利用工业过程中产生的废热，将其用于加热原料、制造蒸汽或满足其他加热需求。这不仅降低了能源消耗，还减少了废热的排放，从而降低了环境影响。废热还可以被用于供热和供暖领域。废热供热系统将工业废热转化为温水或蒸汽，然后输送到居民区域或商业建筑，用于取暖和供应热水。这种方式不仅为人们提供了可靠的供热来源，还减少了对传统能源的依赖，降低了碳排放。农业领域也可以受益于废热的再利用。例如，在温室种植中，提供稳定的温度和湿度是至关重要的。废热可以用于加热温室，为作物提供适宜的生长条件，从而增加农作物产量。这种方式不仅提高了农业生产效率，还减少了人们对化肥和农药的需求。废热的再利用还可以被应用于水处理和污水处理。废热可以加热水体，促进污水中有害物质的去除和水质的改善。这有助于保护水资源，减轻水资源的压力。

3. 生态效应

废热回收对生态环境的积极影响是多方面的，它在多个方面都有助于人们维护和改善生态平衡。废热回收有助于减少人们对自然资源的开采。传统能源生产需要大量的化石燃料和矿产资源，而废热回收可以减少人们对这些资源的需求。例如，将废热用于发电或供热，可以减少对煤炭、天然气和石油等化石燃料的需求，这有助于保护自然环境，减少对森林、山地和水体等生态系统的破坏。废热回收还有助于减少空气和水污染。废热回收减少了工业过程中的燃烧活动，从而减少了污染物，如二氧化硫、氮氧化物和颗粒物等的排放。这有助于改善空气质量，减少空气污染对生态系统和人类健康的影响。此外，废热回收还可以降低工业废水的温度，减少废水对水体的热污染，有利于水生生态系统的恢复和保护。废热回收还有助于减缓全球气候变化。废热回收通过减少燃烧活动，减少了温室气体的排放，特别是二氧化碳的排放。这对于减缓气候变化、减少极端气候事件的发生和减缓海平面上升速度等，有重要作用。气候变化对生态系统和生物多样性产生了相当多的负面影响，因此废热回收在一定程度上有助于维护生态平衡。

4. 政策支持

越来越多的政府和国际组织认识到废热回收的环境和经济价值，并通过各种政策和激励措施来支持这一技术的发展和应用。这些政策包括提供财政补贴、税收减免、绿色信贷和技术支持等，可以降低企业建设废热回收项目的成本和风险。此外，一些国家还制定了相关的法规和标准，要求特定行业回收和利用废热，或者为废热回收项目提供优先电网接入和市场准入的优惠政策。这些政策不仅促进了废热回收技术的发展和应用，还推动了能源效率和环境保护的整体进步。

2.5.4　废热利用的案例研究

废热利用技术前景广阔，从工业到城市供热等领域的广泛应用，再到近年的创新模式的探索，废热利用技术展现了其巨大的潜力和强大的适用性。下面是对废热利用的几个重要案例的深入探讨。

1. 工业案例

在钢铁制造行业，高温废气是一个潜在的废热资源。高炉、转炉和连铸机等设备在工作过程中都会产生大量的高温废气，这些废气通常被排放到大气中。通过废热回收系统，这些高温废气可以被有效地捕获和利用。例如，一些钢铁企业用废热锅炉将高温废气转化为蒸汽，进而用于发电或供热。这不仅降低了企业的能源成本，还减少了温室气体排放，对环境产生了积极影响。在中国，某大型钢铁企业的案例表明，应用废热回收系统，每年可回收废热约 2 亿千瓦时，相当于减少约 20 万吨的标准煤消耗。这不仅节约了大量的能源资源，还显著降低了企业的生产成本，提高了企业竞争力。类似的废热回收技术在石化、水泥和玻璃等工业领域也有广泛应用。在石化行业，炼油过程中产生的高温废气和废热水可以通过废热回收系统被用于蒸汽发生或加热过程。这降低了石化工厂的能源消耗，减少了对天然气等能源资源的依赖。在水泥生产中，熟料冷却过程中的高温废气可以被用于熟料烘干，从而减少了电力消耗。玻璃制造中的熔炉废气也可以通过废热回收被用于预热原材料，提高能源利用效率。这些工业案例清晰展示了废热回收技术在提高工业能源效率、降低生产成本和减少环境污染方面的潜力。通过合理的废热回收系统设计和有效的能源管理，工业企业可以获得经济和环境的双重收益。这也在一定程度上推动了工业领域的可持续发展和绿色生产。

2. 城市供热

废热利用在城市供热领域的应用也在不少国家有广泛实践，为城市提供了高效、可持续的供热解决方案。例如，中国的一些大城市已经开始积极探索和应用废热供热技术，以减少对传统燃煤供热的依赖。在中国的北方寒冷地区，供热是一项重要需求，而传统的燃煤供热系统存在着严重的环境问题。为应对这一挑战，一些城市采用废热供热技术，将工业废热纳入城市供热网络。这些工业废热源包括钢铁厂、电厂、炼油厂等工业设施产生的高温废热。例如，大庆市位于中国东北地区，是一个工业城市，也是中国重要的油田开采中心，该城市采用了炼油废热供热技术，将炼油厂的废热用于城市供热。这种废热供热系统不仅为人们提供了高效的供热服务，还降低了人们对煤炭的需求，减少了空气污染和温室气体排放。类似的废热供热项目还在中国的其他城市得到了推广，如北京、天津等地。这些项目的成功实施表明，废热利用可以在城市供热领域实现双重目标：既提供可靠的供热服务，又减少环境负担。这为其他城市提供了有益的经验和启示，鼓励它们进一步推动废热供热技术的发展和应用，以实现城市供热的可持续发展。

3. 综合评价

废热利用的主要目标之一是提高能源效率。评价废热回收的能源效率需要考虑废热源的温度和品位，以及回收和利用过程中的能量损失。高温高品位废热源通常具有更高的能源回收潜力。废热回收的能源效率可以通过计算能源输入与输出之间的比率来评估，以及通过与传统供热或发电方式进行对比来确定其节能潜力。对废热利用项目的经济性评价是一个重要的考虑因素。这包括项目的投资成本、运营和维护成本，以及项目的财务可行性。实施方通常会进行投资回报率分析，以确定项目的营利性和回本周期。此外，考虑到能源价格的波动，经济性评价还应考虑项目在不同能源价格条件下的表现，以确保项目在未来仍然具有吸引力。废热利用项目对环境的影响也需要全面评估。这包括温室气体排放的减少、对空气和水质量的影响等方面。废热回收项目通常可以减少人们对化石燃料的需求，从而降低二氧化碳排放，有助于减缓气候变化。此外，项目应考虑废热对周围环境的潜在影响，如废热排放的温度和化学成分。废热利用项目还可以为社会带来多重效益。这包括项目对当地就业的促进，特别是在项目建设和运营阶段，以及对社区的发展作出的贡献。废热回收项目还有助于提高能源安全性，减少人们对进口能源的依赖。这些社会效益可以通过定量和定性分析来评估，以帮助人们全面了解项目对社会的影响。

4.创新模式

随着技术的进步和市场需求的变化，废热利用领域涌现出许多创新模式。例如，一些企业正在探索利用区块链技术来优化废热交易和分配。通过这种方式，废热的生产者和用户可以实现更有效的匹配，实现废热的最优利用。此外，还有研究正在探索将废热转换为其他形式的能源的方法，如通过热电效应将废热直接转换为电能。这些创新模式不仅提高了废热的利用效率，还为能源可持续发展提供了新的思路和解决方案。

2.6　生物质能供热技术与应用

在探索绿色热源技术与应用的广阔领域中，多种创新解决方案正逐渐成为能源转型中重要的组成部分。从生物质能供热技术的新进展到废热利用技术的多元化应用，再到太阳能和地源热泵供热的创新应用，这些技术不仅提供了高效、可持续的热能解决方案，还在应对气候变化和提高能源安全方面发挥着重要作用。此外，气候适应型供热技术的发展也为未来的能源系统提供了新的视角和可能性，对这些技术的实施案例和经济性分析为能源可持续发展提供了重要的参考和启示。

生物质能作为一种可再生能源，在供热领域的应用正日益受到重视。它不仅有助于减少对传统化石燃料的依赖，还能显著降低温室气体排放，对实现能源结构的绿色转型具有重要意义。近年来，生物质供热技术经历了快速的发展，从能源类型的多样化到供热系统的高效设计，再到环境效益与经济性的全面评估，这些进展为全球能源可持续性发展提供了新的思路和方案。

2.6.1　生物质能的类型与特性

生物质资源包括多种可再生资源，这些资源在能源领域具有巨大的应用潜力。生物质资源包括各种植物和动物材料，如木材、农业废弃物、动物粪便和专门种植的能源作物。这些生物质资源具有可再生、碳中和的特点，能有效减少温室气体排放。不同类型的生物质资源在热值、储存和运输方面各有特点。

木材是较为传统和常见的生物质资源之一。它包括来自树木的木块、木屑、锯末等。木材通常热值较高，可用于供热和发电。它易于获得，具有相对较高的能源密度，但需要适当的处理和储存以确保燃烧效率和质量。秸秆是农业废弃物中的一种重要生物质资源。它通常来自稻谷、小麦、玉米等农作物的残留物。秸秆具有可再生性，且可在农田中广泛获得。尽管其热值相对较低，但秸秆可以用于生产生物燃气、生物质热能和作为生物质燃料，有助于减少农田废弃物的排放和污染。动物粪便如家畜和家禽的粪便也是一种可再生的生物质资源。它们含有有机物，可以通过生物气化或发酵转化为生物燃气、沼气或肥料。这有助于解决动物粪便产生的环境问题，同时产生能源和有机肥料。专门种植的能源作物，如油料作物、竹子和特定的高纤维植物，也是生物质能源的重要来源。它们通常具有较高的产量和热值，适合用于生产生物柴油、生物乙醇和其他生物质燃料。这些不同类型的生物质资源各有特点，人们可以根据具体的应用需求进行选择和利用。生物质资源的可再生性和碳中和特性使其成为减少温室气体排放、提高能源安全性和促进可持续发展的重要资源。对其进行有效开发和利用，有助于减少人们对有限化石燃料的依赖，推动生态环境的改善，并为能源供应领域带来更多的选择。

2.6.2　生物质能供热技术的最新进展

近年来，生物质能供热技术取得了显著的进步，对这些技术的不断创新和改进使生物质能变得更加高效和环保。现代生物质锅炉采用了高效的燃烧技术和热能回收系统，大幅提高了燃烧效率。这些锅炉能够更充分地利用生物质燃料，减少了能源的浪费。此外，一些生物质锅炉还采用了自动供料和清灰系统，减少了人工操作和维护的需要。

气化是一种将固体生物质转化为气态燃料的过程。通过气化技术，固体生物质可以被转化为生物质燃气（Syngas），其中包括氢气和一氧化碳，可用于供热、发电和化学生产。气化技术不仅提高了能源利用效率，还可以减少废物和排放物的产生。一些先进的生物质能供热系统集成了余热回收技术，能够捕获和再利用烟气中的热能。这些系统通过热交换器将烟气中的热量转移到供热水或其他介质中，提高了系统的整体效率，降低了能源成本。为了减少生物质能供热系统的环境影响，新的排放控制技术不断涌现。这些技术包括颗粒物过滤器、氮氧化物控制装置和二氧化硫吸收系统等。它们能够有效减少有害气体和颗粒物的排放，使生物质供热更加环保。一些城市采用了生物质能供热网络，将多个供热系统集成在一起，共享生物质能源。这种集成可以提高能源利用效率，减少温室气体排放，降低供热成本。例如，一些城市的集中供热系统利用生物质能源供应暖气和热水，为居民提供可持续的供热服务。这些最新的生物质供热技术使生物质能成为一个更具吸引力的可再生能源选择。它们不仅提高了能源效率，还有助于减少环境污染，促进可持续发展。随着技术的不断发展和应用，生物质供热将在未来继续发挥重要作用，满足能源需求并减少人们对化石燃料的依赖。

2.6.3 生物质能源供热系统的设计与实施

生物质供热系统的设计与实施是一个复杂而重要的过程，需要综合考虑多个因素以确保系统的高效性和可持续性。首先，设计过程需要关注燃料的供应链管理，即寻找可用的生物质燃料（如木材、秸秆、废弃物等）来源，并建立有效的供应链管理系统，以确保燃料的持续供应。这可能需要开发方与农民、林业部门或废物处理厂等相关方合作，以确保可靠的燃料供应。

生物质燃料需要经过储存和预处理，以确保其质量和可燃性。这包括木材的切割、秸秆的打包和废物的处理。储存燃料的设施建设也需要考虑，以避免发生湿度过高和污染问题，并在需要时供应高质量的燃料。设计还包括输送和供应系统的规划，以便将燃料输送到锅炉或燃烧设备中。这需要考虑输送的距离、方式和输送设备的选择。输送系统应高效可靠，减少能源损耗和操作成本，确保燃料的及时供应。在选择燃烧技术时，需要注意对燃烧效率和排放的控制。现代生物质锅炉和燃烧设备通常采用先进的技术，如气化、流化床燃烧等，以提高燃烧效率和减少排放，确保能源的高效利用并减少环境影响。系统集成也是重要因素，生物质能供热系统通常需要与现有的供热基础设施或热交换系统集成。系统集成的设计应确保生物质能源的有效利用，同时考虑到与其他能源系统的协调和互操作性，以提高整体的能源效率。运行和维护也是系统设计的一部分，包括定期的清洁、维修和检查，以确保设备的正常运行和安全性，延长系统寿命。能源政策和环境合规性也是必须考虑的因素。生物质能供热系统的设计必须符合当地、国家和国际的能源政策和环境法规，包括排放控制、碳中和目标和可持续资源管理等方面的合规性。经济性分析也是很重要的。在设计和实施生物质能供热系统之前，进行经济性分析必不可少。这包括对投资回报率、运营成本、能源价格和潜在的节能和碳减排收益的评估，目的是确保项目的经济可行性和可持续性。

2.6.4　生物质能源供热的环境效益与经济分析

生物质能源供热在环境保护方面具有显著优势。它能有效减少化石燃料的使用，降低二氧化碳和其他温室气体的排放。从经济角度来看，虽然生物质供热系统的初期投资相对较高，但长期来看，由于生物质燃料通常比化石燃料便宜，因此系统运营成本较低。此外，生物质能源的开发还能促进农村经济发展，创造就业机会。影响生物质能供热的经济、环境效益的重要技术与集成策略如下。

高效能源转换技术。采用先进的生物质锅炉和燃烧技术，如流化床锅炉和气化技术，能更高效地将生物质转化为热能，同时减少排放。

余热回收系统。利用余热回收技术，人们可以捕获并重新利用在生物质能转换过程中产生的热量，从而提高系统的总体热效率。

集成可再生能源系统。生物质能供热系统结合其他可再生能源技术，如太阳能或风能，可以提供更为全面和稳定的能源供应。

智能控制系统。人们可运用智能控制技术优化生物质热能系统的运行，包括调节燃烧效率、监控排放水平和设计自动化的供热网络。

生物质能源多样化。开发和利用多种类型的生物质资源，如农业废弃物、林业残余物、有机废物等，不仅有助于降低成本，还有利于减少废物的环境影响。

小型化和分布式系统。开发小型化和分布式的生物质供热系统，以服务于偏远地区和小型社区，有助于减少能源传输损失，同时提供更灵活的能源解决方案。

第 3 章　多能源协同供热的基本原理

本章深入探讨了多能源协同供热系统的基本原理，涵盖了系统的组成、协同机制、运行关键技术以及效率评估方法。首先，笔者介绍了多能源系统组成的相关内容，包括可再生能源、非可再生能源、混合能源系统及相关的能源转换过程。接着，笔者详细阐述了系统配置方法，包括设备选择、系统集成、控制策略和优化设计等环节。协同机制部分笔者讨论了能源互补、负荷管理、存储策略和网络互动。技术创新方面，笔者聚焦于新材料、高效设备、智能控制和系统集成方面。随后，本章深入分析了多能源协同的机制与模式，包括协同供热原理、协同模式分类、协同效率的提升，以及协同供热的案例分析。最后，探讨实现多能源供热协同运行的关键技术，如能源管理系统构建、能源存储技术、热网优化实现和智能控制策略，以及协同效率的评估方法，包括效率评价指标、评估模型构建、评估工具与软件及这些评估方法在实际应用中的作用。

3.1　多能源系统的组成

本节首先分类讨论了各种能源类型，包括可再生能源、非可再生能源以及更为复杂的混合能源系统，并着重阐述能源转换的重要作用等内容。接下来，笔者探讨了系统配置的重要环节，如设备选择、系统集成、控制策略和优化设计。此外，在协同机制的讨论中，笔者强调了能源互补、负荷管理、存储策略和网络互动的重要性。最后，技术创新部分突出了新材料、高效设备、智能控制和系统集成在推动多能源系统发展中的作用，展示了多能源系统在实现高效、可持续能源利用方面的潜力。

3.1.1　能源类型

在现代社会，能源的种类和使用方式对环境和经济发展有深远影响。了解不同的能源类型及其特性是实现高效能源管理和可持续发展的关键。本节详细探讨了可再生能源、非可再生能源、混合能源系统和能源转换过程，每一种能源类型都在全球能源结构中扮演着独特而重要的角色。

1. 可再生能源

可再生能源，是自然界中可不断更新的能源，如太阳能、风能、水能和生物质能。这类能源的最大优势在于有可持续性和对环境影响较少。太阳能技术将太阳光携带的能量通过光伏板直接转换为电能，是最直接的能源利用方式之一。风能技术则通过风力发电机将风的动能转换为电能，特别适用于风速较高的地区。水能，包括水的动能、势能和压力能，人们利用水流的动能产生电力。生物质能技术则通过有机物的燃烧或生化过程将生物质能转换为其他形式。这些能源类型的共同特点是可再生性和较低的碳排放，是应对气候变化和实现绿色能源转型的关键能源类型。

2. 非可再生能源

非可再生能源，包括石油、天然气、煤炭和核能，是传统能源体系的主要组成部分。这些能源的共同特点是存量有限，一旦消耗便无法在短时间内自然恢复。石油和天然气作为化石燃料的主要来源，在全球能源供应中占据着重要地位，但它们的燃烧会产生大量温室气体，对环境造成影响。煤炭作为另一种重要的化石燃料，虽然储量丰富，但污染问题更为严重。核能则是核裂变产生的能量，虽然碳排放低，但核废料处理和核安全问题一直是人们关注的焦点。利用这些能源的挑战在于如何平衡经济需求和环境保护需求。

3. 混合能源系统

混合能源系统是将不同类型的能源结合使用，以提高能源利用效率和系统稳定性的一种能源系统。这种系统通常会结合可再生能源和传统能源，以优化能源配置，减少对单一能源的依赖。例如，太阳能和风能的结合可以为人们在不同时间段提供稳定的能源供应，而将可再生能源与传统能源结合则可以在可再生能源不稳定时提供必要的能源保障。建立混合能源系统的关键在于智能管理和能源存储技术的应用，如电池存储和泵水蓄能，这些技术可以有效平衡供需，提高系统的整体效率和可靠性。

4. 能源转换

能源转换指将一种形式的能源转换为另一种形式的能源的过程。例如，将化石燃料转换为电能、将电能转换为热能或机械能等。能源转换的效率直接影响能源利用的效果和环境影响。随着技术的进步，能源转换技术也在不断发展，如光伏电池转换效率的提高、更高效的风力发电技术的开发和燃料电池的性能的不断提升。能源转换技术的创新不仅可以提高能源利用效率，还可以减少能源转换过程中的能量损失和环境影响，是实现能源系统可持续的关键。

3.1.2　系统配置

在多能源系统的构建中，系统配置是实现高效能源管理和优化的核心。它涉及设备选择、系统集成、控制策略和优化设计等关键方面。每个环节都能对系统的性能、效率和可靠性产生重大影响，接下来笔者将深入探讨这些内容，揭示它们在构建高效、可靠和可持续的多能源系统的过程中起到的作用。

1. 设备选择

在构建多能源协同供热系统时，设备选择是一个关键环节，它能直接影响到系统的整体性能、成本效益以及长期运行的可靠性。正确的设备选择不仅要考虑单个设备的性能，还要考虑设备之间的协同工作能力和系统整体的优化。

设备的能效是影像设备选择的重要因素。高能效的设备可以更有效地转换和利用能源，从而降低运行成本并减少环境影响。例如，在选择太阳能板时，高转换效率意味着更多的太阳能可以被转换为电能，提高系统整体的能源利用率。同时，设备在不同气候条件下的性能稳定性也十分重要。设备需要能够在不同的环境条件下保持高效运行。设备的兼容性也是一个不可忽视的方面。在多能源系统中，各种设备需要能在夜间无缝协作，以实现能源的最优分配和利用。例如，太阳能板、储能设备、热泵等组件需要通过智能控制系统进行有效整合，确保能量在不同设备间的高效流动和转换。这不仅涉及硬件的兼容性，还包括软件和控制策略的匹配。设备的可靠性和寿命是保证系统长期稳定运行的关键。选择耐用且维护成本低的设备可以减少系统的总体拥有成本，并确保系统长期稳定运行。例如，储能设备的循环寿命和维护需求是影响其长期经济性的重要因素。寿命长、维护成本低的储能设备可以显著降低系统的运行成本。在设备选择过程中，成本效益分析是不可或缺的。成本不仅包括设备的初始购置成本，还包括运行、维护和可能的更换的成本。高效能设备虽然初始成本可能较高，但长期来看，由于其有节能特性和低维护成本，因此总体拥有成本可能更低。在进行设备选择时，人们需要进行全面的成本效益分析，考虑长期运行成本和潜在的节能效益。

2. 系统集成

系统集成不仅仅是将不同的能源设备简单组合在一起，更是通过精心设计和智能控制，实现各种能源设备和技术的有效协同，目的是优化整体能源管理和利用效率。这种集成策略需要深入分析和理解各种能源设备的特性、运行模式以及它们之间的相互作用。

在多能源系统中，协同不同能源设备的工作十分重要。例如，太阳能板在晴天时产生的能量可以在储能设备中存储起来，以备夜间或阴天使用。同时，风能设备在风力充足时可以提供额外的能量，进一步增强系统能源供应的稳定性。这种协同不仅提高了能源的利用率，还能确保不同天气条件下系统的稳定运行。

有效的系统集成还需要考虑能源需求的动态变化。随着季节的变化、天气的不同以及用户需求的波动，能源需求会出现显著的变化。系统需要能够灵活调整其运行模式，以适应这些变化。例如，在冬季，供热需求增加时，系统可以优先使用地源热泵来提供稳定的热能；而在夏季，太阳能设备可以用来提供冷却能源。设计有效的集成策略是一个复杂的过程，它需要综合考虑各种能源设备的技术参数、运行成本以及环境影响。此外，还需要考虑系统的可扩展性和未来的升级可能性。集成策略的设计应当基于对系统整体性能的深入理解，确保各个组件能够协同工作，实现能源的最优分配。

在多能源系统中，智能控制系统发挥着核心作用。它可以实时监控各种能源设备的状态，根据能源需求和供应情况，自动调整设备的运行模式。例如，智能控制系统可以根据天气预报和用户行为模式，预测能源需求，并相应地调整能源分配策略。这种智能化不仅提高了能源利用效率，还增强了系统的适应性和韧性。

3. 控制策略

在多能源协同供热系统中，控制策略的核心目标是确保系统的高效、稳定运行，同时实现能源利用效率最大化。这需要人们精准地协调和管理系统中的各个组件，包括能源生成、存储、分配和消耗设备。

控制策略的有效实施需要有对数据的实时分析和响应。系统需要实时监测能源供应和需求的变化，并据此调整运行模式。例如，在日照充足的日子里，系统会优先利用太阳能，同时将多余的能源存储在储能设备中。相反，在能源供应紧张时，系统会从储能设备中释放能量以满足需求。

智能控制系统的一个关键特点是有预测能力。通过分析历史数据和天气预报，系统能够预测未来的能源需求和供应情况。这种预测性控制使系统能够提前调整配置，例如，在预测到高需求前增加能源储备，或在低需求期间减少能源生产，从而提高整体的能源利用效率。有效的控制策略还包括设定能源使用的优先级和智能分配。系统会根据可再生能源的可用性、成本效益和环境影响优先选择合适的能源。例如，在可再生能源可用时将其被优先使用，而在其不足时，系统可以转向其他能源选项。这种智能分配确保了能源的最优利用，同时减少了人们对传统能源的依赖。控制策略还包括对系统故障的及时检测和响应。通过持续监控系统性能，控制系统能够快速识别任何异常或故障，并采取相应措施，如自动切换到备用能源或调整运行参数，以保证系统的连续运行和安全性。用户界面和交互的设计也是完善控制策略的重要组成部分。通过提供直观的用户界面，系统使用户能够轻松监控和管理能源使用。此外，用户可以根据自己的需求和偏好设置系统参数，如温度设定和能源使用时间，从而进一步优化能源利用。

4. 优化设计

优化设计是实现多能源系统效益最大化的关键。在构建和运行多能源系统时，精心的设计和调整可以显著提高系统的性能和经济性，从而实现可持续的能源供应。接下来笔者将深入探讨多能源系统的优化设计原则和方法，以及其对系统可靠性、灵活性、经济性的影响。

多能源系统的优化设计需要考虑到能源供应的可靠性。可靠性指系统在面对各种异常情况和负载波动时能够稳定运行的能力。为了提高可靠性，系统的组件和设备需要具备高度的韧性和冗余性，以应对潜在的故障或突发情况。此外，备用能源和储能系统的设计也是确保其可靠性的关键因素。通过合理配置备用能源和储能系统，系统可以在主要能源失效时不中断能源供应，确保系统的持续运行。

多能源系统的优化设计的灵活性指系统适应不同负载和能源供应情况的能力。多能源系统通常有多种能源，包括太阳能、风能、生物质能等。为了具备灵活性，系统需要有智能控制和调整能力，要能够根据当前能源供应和需求情况，自动切换能源，最大程度地利用可用资源。这可以通过应用高级控制算法和实时监测技术来实现，以确保系统始终以最佳方式运行，最大程度地利用可用的能源。

多能源系统的经济性涉及系统的成本和效益，包括建设成本、运营成本和回报周期。在设计过程中，人们需要仔细权衡各种因素，以确保系统总成本最低，并在合理的时间内实现投资回报。这可以通过选用高效的设备和技术、降低能源损失、合理配置资源和优化系统运行来实现。多能源系统的优化设计还需要考虑到环境影响。优化设计时，人们可以通过降低系统的碳排放、减少资源浪费和改善环境性能来达到可持续性发展目标。这包括选择清洁能源、减少能源消耗、优化废物处理过程和采用环保材料等方面的措施。

多能源系统的优化设计需要综合考虑以上各个因素，制定合理的系统运营策略和管理政策。这包括定期维护和检查系统的设备、监测系统性能、预测能源供应和需求情况，以及及时响应系统的变化等。通过不断的优化和调整，多能源系统可以在不同的工作条件下均能达到最佳性能，提高能源利用效率，降低成本，减少环境影响，从而实现可持续能源供应和社会经济效益的最大化。

3.1.3 协同机制

在多能源系统中，协同机制的作用不可小觑。协同机制涉及能源互补、负荷管理、存储策略和网络互动等重要方面，这些机制共同确保了系统的高效运行和能源的最优利用。通过实施协同机制，人们可以实现能源的平衡供应，提高系统的稳定性和可靠性，同时为能源的可持续发展提供支持。

1. 能源互补

能源互补是多能源系统中的重要概念，它指的是不同能源之间的相互补充和平衡。例如，太阳能和风能在自然条件下具有不确定性，将它们与供应更稳定的能源（如水电或生物质能）相结合，可以减少对单一能源的依赖，提高系统的整体稳定性。能源互补还包括在不同时间段内利用不同能源的策略，如白天主要使用太阳能，夜间则转向风能或储能设备。这种策略不仅提高了能源的利用效率，还有助于减少能源浪费和降低环境影响。

2. 负荷管理

负荷管理是实现能源供应与需求平衡的关键坏节。负荷管理的核心目标是在不同时间段内有效地调整能源供应，以满足不断变化的能源需求，从而提高能源利用效率，降低能源成本，同时减少对传统能源的依赖，推动可持续发展。

负荷管理涉及对能源需求的实时监控。通过使用先进的监测技术和智能传感器，多能源系统可以实时监测能源的消耗情况。这种实时监控能够为人们提供关键的数据，帮助系统管理者了解当前的负荷情况，预测未来的需求，并做出相应的调整。负荷管理需要系统具备智能调控能力。系统可以根据实时监测数据，采用智能算法和控制策略，动态调整能源供应。例如，在低负荷时段，系统可以降低能源产出，减少能源的消耗，以避免不必要的能源浪费。而在高负荷时段，系统可以迅速增加能源供应，确保满足能源需求，同时系统可以从储能设备中释放储备能源，以平衡供需。负荷管理还涉及能源的储存和分配。多能源系统通常包括能源储存设备，如电池、热储罐等。这些储存设备可以在低负荷时段存储多余的能量，然后在高负荷时段释放能量，以满足需求。通过合理配置和管理储存设备，系统可以更好地应对负荷波动，提高能源的利用效率。负荷管理还需要人们考虑能源的供应可靠性。系统管理者需要确保能源供应的稳定性和可靠性，以满足用户的基本需求。这包括定期检查和维护能源设备，以确保其正常运行，以及建立备用能源供应方案，以防能源中断的发生。负荷管理还需要建立有效的沟通和反馈机制。用户的需求和偏好可能会不断变化，系统需要及时了解到用户的反馈，并根据需求进行调整。同时，用户需要了解系统的负荷管理策略和能源使用情况，以便更好地参与到能源管理和节能减排之中。

3. 存储策略

多能源系统的存储策略是确保系统高效稳定运行的关键要素之一。这一策略的设计和执行涉及能源的储存、分配和释放，以满足人们不同时间段的能源需求，并应对能源供应的波动。下面将详细探讨多能源系统中的存储策略及其重要性。

存储策略的核心目标是平衡能源供需。多能源系统涉及多种能源类型，包括太阳能、风能、生物质能等，这些能源具有不稳定性和季节性。例如，太阳能只在白天可用，而风能受风速的影响，因此能量供应在不同时间和天气条件下会有所不同。存储策略指将多余的能源储存起来，以便在需求高峰时将其释放，从而实现能源供需的平衡的能源利用策略。存储策略提高了能量的可用性和可靠性。能源存储设备，如电池、蓄热池等，可以储存多余的能量以备不时之需。这意味着即使在能源供应不足的情况下，系统仍然可以提供持续的能量供应。这对某些关键设施，如医院、通信基站的平稳运行，具有重要意义。存储策略有助于提高能源利用效率。将多余的能量储存起来，避免了资源的浪费，同时在需求高峰时段释放储备能量，可以提高能源的有效利用率。这降低了系统的能源成本，有助于降低用户的能源费用。

存储策略减少了对传统能源的依赖。传统能源如化石燃料通常是不可再生的，使用时会产生温室气体排放和环境污染。通过存储和合理利用可再生能源，多能源系统可以减少对传统能源的需求，从而减轻环境压力，这有助于可持续发展。存储策略需要根据系统的具体需求和特点进行优化设计。这包括选择合适的储存设备、确定储存容量、确定储存和释放策略等。好的存储策略可以最大程度地提高系统的性能，确保能源供需之间的平衡，并降低系统的运营成本。

4. 网络互动

网络互动是多能源系统的一个突出特征，它在现代能源系统中发挥着重要作用。这一概念涉及多能源系统与外部能源网络（如电力网、热力网等）之间的紧密互联，有助于实现能源的交换和共享。网络互动不仅提高了能源的可靠性和韧性，还增强了能源系统的灵活性和效率。下面笔者将详细探讨网络互动在多能源系统中的重要性和优势。

建立网络互动机制可以帮助人们实现能源的共享和交换。在多能源系统中，不同的能源（如太阳能、风能、生物质能等）可能会有不同的产出，并因此带来能量输出的波动性。通过与外部网络的互动，系统可以在需要时获取额外的能量，或将多余的能量输送到网络中。例如，当可再生能源的产出不足以满足需求时，系统可以从电网中获取补充能源，确保能源供应的稳定性。相反，当可再生能源的产出过剩时，多余的能量可以注入电网，供其他用户使用。这种共享和交换机制有助于优化能源的利用策略，减少浪费，降低系统的能源成本。网络互动提高了系统的灵活性。能源的需求和供应在不同时间和地点可能会有所不同。通过与外部网络的互动，系统可以灵活地调整能源的来源和分配，以满足实际需求。这种灵活性对应对能源波动、应急情况和季节性需求变化非常重要。例如，如果某一时段太阳能产出较低，系统就可以从电网中引入电力以弥补不足。这种能源的动态调整有助于提高系统的可靠性和适应性。

网络互动促进了能源市场的发展。多能源系统的互动和与外部能源市场的互联有助于形成更加开放和有活力的能源市场。用户可以根据实际需求从多个能源供应商中选择能源，并根据市场价格和可持续性考虑来优化自己的能源采购策略。这种市场机制有助于提高能源的经济效益，推动可再生能源的发展，减少人们对传统化石燃料的依赖。网络互动有助于实现能源系统的智能化管理。通过实时监测和数据分析，系统可以更好地预测能源需求和供应情况，从而帮助人们做出更加智能的决策。这种智能管理可以最大程度地优化能源利用，提高能源效率，并确保系统的可持续运行。

3.1.4　技术创新

技术创新是推动多能源系统发展的关键动力。随着科技的进步，新材料的开发、高效设备的设计、智能控制技术的应用以及系统集成的优化，都在不断推动着能源行业的革新。这些创新不仅提高了能源系统的效率和可靠性，还为实现更加可持续的能源利用提供了可能。

1. 新材料

新材料的研发和应用在能源技术创新中至关重要。这些新材料不仅能够改善能源产生、存储和转换的方式，还有助于提高能源系统的性能和效率。下面将详细探讨新材料在能源领域的关键作用和应用。

在多能源供热系统中，新材料的开发和应用是技术创新的关键环节，这些新材料能显著提高供热系统的效率和可靠性。一是高效热绝缘材料。热绝缘材料的创新对提升供热系统的能效十分重要。新型高效热绝缘材料，如气凝胶和纳米绝缘材料，可以显著减少在传输过程中的热能损失，从而提高整个供热系统的能效。二是导热材料。新型导热材料，如石墨烯和金属纳米材料，可以在供热系统中提高热交换器的热传导效率。这些材料能够更快、更有效地传导热量，从而提高供热系统的响应速度和整体性能。三是相变材料。在供热系统中应用相变储热材料可以优化热能存储和释放的效率。这些材料在融化和凝固过程中会吸收和释放大量热能，这些热能可以被用于平衡供热系统中的能量需求，尤其在需求峰值时期。

2. 高效设备

高效设备的设计和应用对提升能源系统性能十分重要。这些设备包括高效的发电设备、节能型的使用设备，设备的高效能性还涉及对先进的能源转换技术的应用，它们在能源系统中发挥着关键作用，可以提高能源的产生、传输和使用效率。

具体涉及内容如下。一是高效热泵技术。在多能源供热系统中，应用高效的热泵技术可以让系统有效利用环境热源（如地热、空气源和水源）进行供暖。最新的热泵技术通过优化压缩机效率和改进热交换器设计，能在更低的温度下工作，同时保持较高的能效比。二是智能控制系统。智能控制技术的应用能显著提升供热系统的效率和可靠性。它使系统可以基于实时数据（如气温、用户需求等）自动调节供热系统的运行，优化能源分配，减少能源浪费。三是集成能源系统。集成能源系统的设计为不同能源（如太阳能、生物质能、地热能）协同工作留足了空间，提高供热系统的灵活性和可靠性。这类系统可以通过集成多种能源技术和优化能源流，实现效率最大化。

先进的能源转换技术也在能源系统的优化中发挥着关键作用。热电联产系统是一种可同时产生电力和热能的系统，能够充分利用废热，提高能源的综合利用效率。该技术适用于工业生产、建筑供暖等多个领域，有助于减少对传统电力和热能的依赖。其他先进的能源转换技术，如氢燃料电池、燃料电池汽车等，也为推动清洁能源的应用和普及起到了作用，并减少了碳排放和空气污染。

3. 智能控制

智能控制技术可以让人们实现实时监控和响应。通过部署传感器和监测设备，能源系统可以实时收集有关能源生产、传输和使用的数据。这些数据可以用于监测系统的性能状况，包括能源产量、能耗、负荷需求等方面的信息。智能控制系统可以根据这些数据做出实时决策，以优化能源分配和使用。例如，当太阳能电池板产能下降或能源需求上升时，智能控制系统可以调整电力分配，以确保能源供应的稳定性。

智能控制技术可以提高系统的自动化程度。能源系统中的自动化控制可以减少对人工干预的需求，降低操作和管理的复杂性。例如，在智能电网中，人们可以根据实时需求和能源市场的变化自动进行电力分配和调整，整个过程无需人工干预。这不仅提高了效率，还避免了误操作的发生。智能控制技术可以实现对能源系统的优化管理。通过使用人工智能算法，系统可以分析大量数据，识别潜在的能源优化机会。例如，智能控制系统可以预测能源需求的峰值和低谷，然后调整能源分配以满足需求，减少浪费。这种优化管理有助于提高能源利用效率，降低能源成本，同时减少对有限资源的依赖。智能控制技术可以提高系统的韧性和可持续性。能源系统中的自动化和智能决策机制使系统能够更好地适应突发事件和变化的情况。例如，在能源系统中引入智能储能设备，可以让系统在电力中断或天气不佳时使用备用电源。这提高了系统的韧性，确保了能源供应的可靠性。同时，通过智能控制技术，系统可以更好地管理可再生能源的使用，降低对传统能源的依赖，实现可持续发展目标。

4. 系统集成

系统集成是多能源系统中十分重要的一环，它要求人们将各种能源技术、设备和控制系统有机结合，以实现协同运行，达到最佳性能。系统集成可以有以下几个关键方面。

物理层面的集成是系统集成的核心。这涉及将不同的能源产生和存储设备结合在一起，目的是有效地转换、储备和分配能源。例如，将太阳能电池板、风力涡轮机和电池储能系统集成在一个能源系统中，可以实现不同能源的协同利用。这种物理层面的集成可以提高能源系统的效率，减少能量损失，确保能源的稳定供应。

数据和控制层面的集成也是关键。现代能源系统通常配备有大量的传感器和监测设备，用于实时监测能源产出、能源需求和系统性能。将这些数据整合到一个集中的控制系统中，可以实现对能源系统的全面监控和管理。这类控制系统通常采用先进的数据分析和控制算法，可以根据实时数据做出智能决策，以优化能源分配和使用。例如，在电力需求高峰时段，系统可以自动调整能源分配，以确保供电稳定，同时降低成本。

系统集成还涉及能源系统的安全性和可靠性。多能源系统通常由多个子系统组成，它们需要在协同运行时确保互不干扰，并能够应对潜在的故障或紧急情况。因此，进行系统集成需要考虑到安全措施和备用方案，以确保能源系统在各种情况下都能够稳定运行。这包括设备的维护和监测，以及应急计划的制订。

系统集成还可以通过优化能源系统的整体设计来提高性能，包括设备的布局和配置方面，目的是最大程度地减少能量损失和资源浪费。通过仔细规划能源系统的结构，系统集成可以提高能源的捕获效率，减少不必要的能源浪费。同时，设计时人们还应考虑到能源系统的可扩展性，以便使之在未来兼容更多的能源技术和设备。

3.2　多能源协同的机制与模式

在本节中，笔者探讨了多能源协同的机制与模式，特别是在协同供热领域。这一机制的核心在于理解和优化能量平衡、负荷分配、能源流动和效率最大化的原理等。笔者将深入分析不同的协同模式，包括集中式、分布式、混合式和网络化，以及它们影响能源系统整体效率的方式。笔者还将探讨如何通过设备匹配、运行策略设计、维护优化和技术更新来提升协同效率。最后，通过国内外的案例分析，笔者将揭示成功的关键因素、面临的挑战以及协同供热未来的发展趋势。

3.2.1　协同供热原理

在探讨多能源协同供热系统的原理时，人们关注的核心是如何高效、均衡地管理和利用能源。这种系统的设计和运行基于四个关键原则：能量平衡、负荷分配、能源流动和效率最大化。这些原则共同构成了协同供热系统的基础，确保了能源的最优利用和系统的高效运行。

1. 能源平衡

能源平衡是协同供热系统设计和运行中要考虑的的关键原则，它的核心目标是确保系统在任何给定时刻，都能使能源的输入与输出保持平衡。这不仅涉及传统的热能和电能，还包括来自可再生能源，如太阳能和风能的能量。

能源平衡要求系统精确监测各种能源的供能情况。这包括传统的燃气、电力供应，以及可再生能源的产能情况。对于可再生能源，如太阳能和风能，系统需要实时监测其产能情况，以便在供应充足时捕获尽可能多的能量。系统必须准确测量能源的需求。这包括建筑物内部的热负荷需求、电力需求以及其他的能源需求。建筑物的热负荷需求通常会根据天气条件、季节和建筑物使用情况的变化而变化，因此需要智能控制系统实时调整能源供应，以满足人们的需求。协同供热系统必须能够灵活地调整能源分配，以实现能源平衡。这意味着系统需要应用高级的控制算法，要能根据实时监测数据做出智能决策。例如，在太阳能和风能供应充足时，系统应自动将多余的能源储存起来，以备不时之需；而在能源供应不足时，系统应从备用能源或电网中获取所需的能量。能源平衡还需要考虑到能源的储存和转化。对不稳定的可再生能源，如太阳能和风能，系统可能需要储存能量以备不时之需。这可以通过应用电池、蓄热装置或其他储能技术来实现。同时，系统还可以考虑进行能源的转化，如将电能转化为热能，以满足不同形式的能源需求。

2. 负荷分配

负荷分配在多能源协同供热系统的设计原则中同样不容忽视，它涉及如何在不同的能源需求点之间有效地分配能源，以满足用户的热能和电能需求。这一过程需要工程师综合考虑各种因素，包括能源的可用性、成本效益和环境影响，以确保系统运行的高效性和可持续性。

负荷分配要求工程师考虑各种能源的可用性和稳定性。不同的能源在不同的时间和地点可能会有不同的供应情况。例如，太阳能和风能在白天和风大的时候供应充足，而在夜间和风小的时候供应可能会减少。系统需要根据这些情况来调整能源的分配方案，以确保用户的需求得到满足。这可以通过应用智能算法和实时监测来实现，系统可以根据当前能源供应情况做出实时决策。

不同的能源可能具有不同的成本，而且其成本可能会随着供需关系的变化而变化。系统需要在满足用户需求的前提下，尽量降低成本。这可以通过优化能源的选择和分配来实现。例如，在成本较低的太阳能供应充足时，系统可以增加对太阳能的使用，从而降低能源的成本。

一些能源可能会对环境产生不良影响，如带来温室气体排放。系统需要在满足用户需求的同时，尽量减少环境影响。这可以通过选择更清洁的能源和减少高排放能源的使用来实现。

综合考虑以上因素，负荷分配可以通过加入智能化设计的方式来实现。系统可以利用实时数据、预测模型和先进的控制算法，以最佳方式分配能源，以满足用户需求，同时最大限度地提高能源的利用效率，降低成本，减少环境影响。负荷分配智能化不仅有助于提高系统的性能，还有助于实现多能源协同供热系统的可持续发展。

3. 能源流动

能源流动在多能源协同供热系统中十分重要，它是能量从原始形式变为用户最终所需形式的过程中所经历的传输和转换过程。这一过程需要精心设计和优化，以确保能源能够高效、可靠地流动，同时尽量减少能量损失和环境影响。

实现能源流动需要高效的能源转换设备。多能源系统通常涉及不同形式的能源，如太阳能、风能、地热能等，需要将它们转换成最终用户所需的热能或电能。为了提高能源流动的效率，开发方需要采用高效的转换设备，如热泵、锅炉和光伏电池。这些设备能够将能源以最高效的方式转换，并尽量减少能量损失。

能源流动还需要高效的传输网络。能源从原始来源流向最终用户，需要通过管道、电缆或其他传输设施进行传输。为了降低能量损失，这些传输网络需要具备高度的绝缘性能和低能耗。例如，热能的传输管道需要具备优良的保温性能，以减少热量的散失；电能的传输线路需要具备低电阻和低损耗的特性，以确保电能的高效传输。

能源流动的优化还需要考虑系统的设计和运行策略。如何选择最佳的能源流动路径、何时进行能源转换以及如何协调不同能源的供应和需求，都是需要综合考虑的。智能控制系统可以根据实时数据和预测模型，做出最佳的决策，以优化能源流动。

能源流动的优化还需要综合考虑环境因素。多能源系统通常涉及可再生能源，如太阳能和风能，它们对环境的影响相对较小，但设计时人们仍需要确保能源流动的过程中尽量减少环境污染和生态破坏。这可以通过合理的能源选择、设备维护和环保措施来实现。

4. 效率最大化

效率最大化是多能源协同供热系统的最终目标，它代表着系统在能源生产、转换、存储和消费各个环节都能够以最高效的方式运行，以达到最高的能源利用率和经济效益。实现效率最大化需要综合考虑多个因素，并采取一系列措施来优化系统的性能。

要想实现效率最大化，需要配备高度精确的数据监测和分析系统。系统需要能够实时监测各项能源的产量、能源需求的变化、能源转换和传输的效率等关键参数。通过应用高级的数据分析和建模技术，系统可以预测未来的能源需求和供应情况，并做出相应的调整。例如，在预测到高能源需求的情况下，系统可以提前调整能源转换设备的产能，以满足需求，避免造成能源浪费或不足。

智能控制技术是实现效率最大化的关键。系统需要整合智能控制算法，能够根据实时数据和预测模型，自动调整能源供应和分配策略。例如，系统可以根据天气预报和能源价格波动，动态调整太阳能和风能的利用比例，最大程度地降低成本。智能控制还包括对能源存储和释放的优化，以确保能源在不同时间和场景下得到最佳利用。

持续的技术创新和设备升级是实现效率最大化的不可或缺的因素。能源技术不断发展，新材料、高效设备和智能控制系统的不断涌现，使系统能够不断提升性能。定期的设备维护和升级也能够确保系统的长期高效运行。例如，采用最新的太阳能电池技术和热泵技术，可以提高能源的转换效率，降低能源成本。

效率最大化还需要综合考虑环境和社会因素。设计系统时应该考虑减少环境影响，采用可持续的能源来源，降低碳排放，促进可持续发展。同时，系统应该为社会提供可靠的能源供应，降低能源价格波动对用户的影响，提高能源的可负担性。

3.2.2 协同模式分类

在现代能源管理中，多能源协同模式的分类和应用对实现能源效率和提高能源系统可持续性至关重要。这些模式主要分为集中式、分布式、混合式和网络化模式，每种模式都有其独特的特点和应用场景。

1. 集中式

集中式协同模式在多能源供热系统中是一种传统而被广泛应用的能源管理方式。该模式通常被用于大型供热设施，如热电联产厂或大型锅炉房。这些设施在一个中心点或少数几个中心点集中生产和分配热能。设计这种模式主要是为了实现规模经济，降低单位能源生产的成本，并提高整个供热系统的效率和稳定性。

在集中式协同模式下，大型供热设施可以更高效地利用燃料和设备，从而以更低的成本生产热能。这不仅降低了供热的总成本，还提高了热能在市场上的竞争力。由于供热生产和分配过程使用集中管理模式，监控和维护也变得更为便捷。这有助于确保供热系统的稳定性和可靠性，保证热能会按时供应给用户。

然而，集中式协同模式也存在一些局限性。例如，这一模式下，对中心供热设施的过度依赖可能使供热系统较为脆弱。一旦中心供热设施出现故障，就可能严重影响整个供热系统，导致供暖中断或热能短缺。此外，在热能的长距离输送过程中，也存在热能损耗的问题。热能通过管网进行长距离输送会造成一定的能量损失，这不仅增加了供热成本，还可能对环境产生负面影响。

随着分布式能源生产和可再生能源的发展，传统的集中式模式可能需要被调整和改进，以更好地融合新的能源。例如，集成太阳能热水系统和地源热泵技术，可以提高供热系统的灵活性和可持续性。。

2. 分布式

分布式协同模式代表了一种现代的和灵活的能源管理方式，与传统的集中式模式相比，它具有一系列独特的优势和特点。在分布式协同模式下，能源的生产和消费更加分散，更依赖于分布在各处的小型能源生产单元，如太阳能光伏板和风力发电机。这种模式的设计旨在减少能源传输的损耗，提高能源利用的效率，同时增强能源系统的弹性和可靠性。

分布式协同模式减少了能源传输损耗。在集中式模式中，能源通常需要通过长距离的管道进行传输，这会导致能量损失。而在分布式模式下，能源生产的地点更接近能源消费的地点，能够在更短的距离内传输，从而减少能量损耗，降低了能源的总成本。分布式模式增加了能源系统的弹性。由于能源生产分布在多个地点，即使某个能源生产单元发生故障，也不会对整个系统造成严重影响。其他能源生产单元仍然可以正常运行，确保能源供应的稳定性。这种冗余性有助于提高系统的韧性。分布式模式有助于促进可再生能源的利用。太阳能集热器和地源热泵机组等分布在各处的小型能源生产单元可以捕获自然能源，如太阳能和地热能，并将其高效转化，就近给用户供暖。这有助于减少对有限的化石燃料资源的依赖，降低碳排放，减轻环境污染，从而更好地满足可持续能源发展的需求。

3. 混合式

混合式协同模式结合了集中式和分布式两种模式的优点。在这种模式下，大型的集中式能源设施和小型的分布式能源单元共同构成了能源系统。这种模式的优势在于能够根据不同的需求和条件灵活调整能源的生产和分配。例如，在能源需求高峰时，系统可以依靠集中式设施提供稳定的能源供应；而在需求较低时，系统则可以利用分布式单元更高效地满足局部的能源需求。混合式模式不仅提高了能源利用的效率，还增加了系统的可靠性和弹性。然而，这种模式的管理和调度相对复杂，需要高度协调和集成的技术支持。

伴随着国家对可再生能源应用的重视，各种能源应用形式被开发出来，其中一个非常重要的趋势就是"从单一能源到多能源互补"；多能源组合既可以达到节能减排的目的，又可以互相弥补不同能源间的缺点，通过能源合理配置，提高居民的生活品质。近几年，我国出现供暖需求和供暖现状的矛盾、环境保护与大气污染、化石能源枯竭与可再生能源稳定性之间等矛盾，为了化解这些矛盾，多种能源协同供热互补采暖必将成为国人关注的重点发展方向，本着节能环保、广泛应用绿色新能源的原则，今后多种能源协同供热互补采暖系统工程，必将出现以太阳能为主、其他能源为辅的工程设计和应用趋势。

太阳能是一种取之不尽用之不竭的可再生绿色能源，因此得到了各国政府的青睐及重点扶植。能源的使用必须是稳定、可靠、经济适用的，但是太阳能的利用存在强度低、不稳定、不连续等问题，单纯的太阳能利用在供热采暖领域具有很大局限性。常规的太阳能供热系统很难满足"全天候"的供热需求，为满足"全天候"的要求，常规方法是采用电加热为辅助热源，但是电加热容易引发安全问题，而且会消耗大量高品质能源，这就促使人们考虑其他低品质能源或新能源作为太阳能的辅助能源协同利用。近年来，太阳能与热泵、燃气、电、生物质能等能源的互补使用在被逐步推广，"能源集成""大光热系统"成为当下太阳能热利用行业发展的关键词。发展以太阳能为主、其他稳定的能源为辅助能源的供热工程是今后新的发展方向，有广阔的发展空间和巨大的市场前景，下面笔者就多种能源协同供热采暖的几个发展方向及各发展方向需要注意的问题加以探讨。

（1）太阳能热泵

太阳能集热技术是利用太阳能集热器，收集太阳辐射能并以此加热水或其他工质的新能源利用技术，是目前太阳能热能应用发展中最具经济价值、最成熟且已被商业化的一项应用技术。而热泵技术是一种节能制冷供热技术，热泵循环与制冷循环本质上都是逆向循环，实际上就是一个反方向使用的制冷机，其热能大部分来自周围低温的环境介质，只有一部分来自机械能，也就是说它花费少量机械功，将低温环境的热能转移到较高的环境中。热泵的构造和制冷机是完全相同的，只是增加了一个四通电磁换向阀以改变制冷机的流向。

太阳能热泵指把太阳能集热技术和热泵技术有机结合起来，利用太阳能作为蒸发器的主要热源，把经过热泵技术提升品质之后的辅助能源，如地热能、水能、空气能作为辅助能源，多种能源协同作用的供热系统。太阳能热泵可同时提高太阳能集热器的效率和热泵系统性能。这种多能源协同作用的供热系统既可以有效改善太阳能集热系统的稳定性、不可靠性和经济性适用性，又可以在一定程度上避免空气源热泵、水源热泵、地热源热泵等在原有热源温度过低时引起的供热能力和性能系数降低的问题，有效提高热泵对使用环境的适应性。具体到实际供热采暖工程中，选择空气源热泵、地源热泵还是水源热泵作为太阳能集热的辅助能源，要结合当地的具体条件进行设计。

太阳能热泵供热采暖虽然是多能互补供热采暖的重要方向之一，但目前这种采暖系统还有若干需要重视的问题。

各种类型的太阳能热泵的性能都有待提高，要合理确定各部件之间的匹配关系以达到投资运行的最佳效益。要将系统设计与建筑设计结合起来，充分考虑错能采暖系统的可靠性和安全性。能源结构和燃料价格直接影响太阳能热泵的经济性，例如，我国西部地区以煤炭为主的能源结构以及较低的燃料价格，就必将影响太阳能热泵的市场竞争力。同时太阳能热泵系统初投资偏高也是影响其经济性的重要因素之一，但是这种系统后期的运行费用和维护费用要比常规采暖方式低得多。

系统的设计和应用要充分考虑运行的可行性，既要考虑系统性能又要考虑建筑上的美观，要进行智能化控制，这需要各个专业、领域的人共同努力、相互配合。

目前，我国制约太阳能热泵应用的主要障碍是系统初始投资较高以及政府、建筑设计人员和公众对这一技术缺乏足够的了解和认识这两个问题。通过政府部门、科研机构和工程技术人员的共同努力，借鉴国内外的成功经验，我国太阳能热泵将在供热采暖领域得到较快的推广和发展。

（2） 太阳能与生物质能互补

太阳能和生物质能的结合在能源领域具有巨大的潜力，可以实现能源互补，提高能源利用效率，并减少对传统能源的依赖。本文将深入探讨太阳能与生物质能的互补供热系统的设计和运行要求，以及其在可再生能源领域的前景。

太阳能是一种丰富的可再生能源，每年全球所接受的太阳所辐射能量巨大。中国拥有广阔的国土面积，大部分地区都有充足的日照资源，因此太阳能在我国应用潜力巨大。人们可以通过太阳能集热器，将太阳能转化为热能，用于供暖和热水生产等。太阳能的可再生性和清洁性使其成为一种极具发展前景的能源。而生物质能是以植物生长的光合作用为基础，将太阳能转化为化学能形式贮存在生物体内的能源形式。生物质能源可以来源于各种植物和动物材料，包括木材、农业废弃物、动物粪便等。它是一种可再生的能源且相对环保，因为在生物质资源的燃烧过程中释放的二氧化碳可以被植物重新吸收，形成一个循环。中国作为农业大国，拥有丰富的生物质资源。

太阳能与生物质能的结合可以有多种形式。一种常见的方式是将太阳能集热技术与生物质厌氧发酵技术相结合。太阳能集热器，提供所需的高温能量，促进生物质的高温发酵过程。这种方式可以降低太阳能和生物质能向高品位沼气化学能的转换过程中的能量损失，提高能源利用效率。另一种方式是将太阳能集热器和生物质颗粒燃烧器结合，构建一个供暖系统，为建筑物提供冬季采暖和全年生活热水。这种系统可以在采暖季安全稳定高效地运行，保证建筑物的热负荷得到满足，同时可以提高太阳能的热利用效率。

设计太阳能与生物质能互补供热系统时，需要考虑以下几个要求。

①安全稳定高效的运行：系统应能在采暖季节内稳定地运行，确保建筑物的供暖需求得到满足。

②基本生活热水需求：系统不仅应满足采暖需求，还应能够提供基本的生活热水，以满足人们日常生活的需求。

③提高太阳能热利用效率：系统应设计为能够最大程度地利用太阳能的形式，以提高系统的能源效率。

④降低投资和运行成本：系统的设计应尽量简化，以降低投资和运行成本，提高系统的经济性。

太阳能与生物质能的互补供热系统有着广阔的应用前景。通过充分利用太阳能和生物质能的优势，人们可以实现能源的高效利用，减少对传统能源的依赖，降低温室气体排放，为可持续能源供暖的发展作出重要贡献。同时，这种系统的应用还能够促进太阳能和生物质能产业的发展，创造就业机会，推动清洁能源领域的技术创新和进步。

（3） **太阳能与燃气协同利用**

太阳能是清洁的、可再生的能源，而且太阳能资源比较丰富，永不枯竭。但是太阳能的能流密度较低，每平方米集热器面积上实际被采集到的年平均太阳能辐射照度转换为功率不到100W，能流密度随地区、时间、日照角的不同而不同。而且，太阳能受天气因素影响较大，具有间歇性和不可靠性。太阳能自身不易储存，必须转化为其他形式才能储存利用。若燃气壁挂炉与太阳能热水技术联合使用，可缓解天然气能源短缺的问题。单一的燃气壁挂炉的出现代替了传统的集中供暖的形式，但也带来了相应弊端。部分城市要求燃气公司采取措施进行适当控制。

4. 网络化

网络化协同模式是一种在信息技术基础上发展出来的现代能源管理方式。在这种模式下，人们通过先进的通信技术和数据分析，将不同的能源单元连接成一个高度集成和协调的网络。这种模式的优势在于能够实时监控和调整能源的流动，从而达到能源利用的效率和灵活性的最大化。网络化模式还支持更广泛的能源类型和来源的整合，包括传统的化石燃料和各种形式的可再生能源。通过智能算法和机器学习技术，网络化模式能够预测能源需求的变化，并相应地调整能源的生产和分配。然而，这种模式对技术的依赖性较高，需要强大的计算能力和稳定的通信网络的支持。

3.2.3 协同效率的提升

在多能源协同系统中，提升协同效率是提高能源可持续性和经济性的关键。这涉及设备匹配、运行策略、维护优化和技术更新等多个方面。每个环节都扮演着重要的角色，共同推动着整个系统的高效运作。

1. 设备匹配

设备匹配是提高多能源协同效率的基础。这不仅涉及选择适合的能源转换和存储设备，还包括在这些设备之间进行协调和匹配。例如，在一个包含太阳能、风能和传统化石燃料的混合能源系统中，人们需要精心设计每种设备的规模和类型，以确保它们能够在不同的环境和负荷条件下有效协同工作。太阳能板的选择需要考虑地理位置、气候条件和安装空间，而风力发电机则需要考虑风速和风向的变化。此外，为了平衡可再生能源的间歇性，人们还需要引入适当的能源存储设备，如电池或热能存储系统。正确的设备匹配不仅可以提高能源的利用效率，还可以降低运行成本和维护难度。

2.运行策略

高效的运行策略是提升多能源协同效率的关键。这包括能源生产和消费的调度、负荷管理和需求响应等。有效的运行策略需要人们对能源市场、天气条件和用户需求有深入理解。例如，通过预测太阳能和风能的产量，系统可以提前调整化石燃料发电的输出，以减少浪费和温室气体排放。在需求侧管理方面，人们可以通过激励或直接控制用户的能源使用，使负荷曲线变得更平滑，减少对峰值供电的依赖。此外，智能控制系统可以实时监测和调整能源流，以应对突发事件或需求的变化，从而提高整个系统的灵活性和可靠性。

3.维护优化

定期和高效的维护是确保多能源协同系统长期稳定运行的重要环节。这包括对能源生产设备、传输设施和存储系统的定期检查、清洁和维修。例如，太阳能板需要定期清洁以保持高效的光电转换率，而风力发电机则需要人们定期检查其叶片和齿轮箱。采用先进的监测技术，如传感器和远程监控系统，可以及时发现和解决设备的潜在问题，从而减少意外停机的发生和维修成本。此外，通过对历史数据的分析，人们可以优化维护计划和策略，提高维护的效率和效果。

4.技术更新

随着科技的不断进步，技术更新是提升多能源协同效率的另一个重要方面。这包括引入新的能源技术、改进现有设备的性能和效率以及采用更先进的控制和管理系统。例如，引入更高效的太阳能电池和风力发电机，可以让人们在相同的安装空间内整合更多的能源。同时，升级能源存储技术，如采用更高能量密度的电池，可以提高能源存储的效率和容量。此外，通过采用人工智能和大数据技术，人们可以更精准地预测能源需求和产量，从而优化能源的调度和管理。技术更新不仅可以提高能源的生产和利用效率，还可以降低环境影响和运行成本。

3.2.4　协同供热的案例分析

协同供热系统作为一种高效的能源利用方式，在全球范围内受到越来越多的关注。通过分析国内外的案例、成功因素、面临的挑战以及未来的发展趋势，人们可以更深入地理解这一领域的发展现状和潜力。

1.国内外案例

在国际上，丹麦的哥本哈根的区域能源系统是一个著名的成功案例。该系统通过有效结合城市的废热、风能和生物质能源，实现了能源的高效利用和碳排放的显著降低。在中国，北京的奥林匹克村区域能源站利用地热能和太阳能为周边地区供暖和提供热水，同样展示了协同供热在推动城市可持续发展中的应用潜力。

2.成功因素

成功的协同供热系统通常具备几个关键因素：一是多元化的能源结构，这样系统就能够根据不同的能源可用性和成本进行灵活调整；二是高效的能源转换和传输技术，它们可以减少能源在转换和输送过程中的损失；三是智能的控制系统，它能够根据实时数据优化运行策略；四是政策和市场的支持，包括政府的补贴、税收优惠和合理的能源定价机制。

3.面临挑战

尽管协同供热系统具有明显的优势，但在实际推广过程中，人们也面临一些挑战。首先，经济性的考虑，高初始投资和运维成本是许多项目难以克服的障碍。其次，技术的局限性，例如，可再生能源的间歇性和不确定性可能影响系统的稳定性和可靠性。最后，政策和市场环境的不确定性也可能影响项目的可行性和投资回报。

4.未来趋势

展望未来，协同供热系统的发展趋势将是加注重可持续性和智能化。一方面，随着可再生能源技术的进步和成本的降低，越来越多的协同供热系统将采用太阳能、风能、地热能等清洁能源。另一方面，数字化和智能化技术的应用将使系统的运行更加高效和灵活，例如，大数据分析和人工智能可用以优化能源分配和负荷管理。此外，随着全球对气候变化和可持续发展关注的加深，政府和市场对建设协同供热系统的支持也将进一步增强。

3.3　多能源供热协同运行关键技术

在多能源供热协同运行的背景下，对关键技术的探讨是提升系统效率和可靠性的重要准备。这包括能源管理系统的高效架构和数据处理、先进的能源存储技术、热网的优化设计以及智能控制策略的实施等内容。能源管理系统不仅需要处理复杂的数据，还要拥有决策支持功能和友好的用户界面。能源存储技术关注存储方法、介质、效率和成本。热网优化涉及网络设计、管网布局、热损控制和系统可靠性等方面。智能控制策略则侧重于控制算法、自适应控制、预测模型和性能监测等方面，以确保系统的高效和稳定运行。

3.3.1　能源管理系统

在多能源供热协同运行的框架中，能源管理系统扮演着至关重要的角色。它不仅是连接各种能源资源的枢纽，还是确保能源高效利用和系统稳定运行的关键。能源管理系统的设计和实施涉及多个方面，包括系统架构、数据处理、决策支持和用户界面。

1. 系统架构

架构能源管理系统是实现其功能和目标的关键环节。其架构需要具备高度的灵活性和可扩展性，以适应不同规模和类型的能源系统。在架构设计中，核心任务是实现各种能源资源的有效整合和协调，从传统的化石能源到可再生能源，如太阳能和风能，再到其他形式的能源。下面将详细探讨一个高效能源管理系统的关键组成部分和设计原则。

系统架构需要考虑多能源资源的集成。这包括对各种能源类型的有效管理和利用，确保它们能够协同工作，满足不同能源需求。例如，系统需要能够无缝地切换和平衡太阳能、风能、电网和储能系统等多种能源，以满足用户的能源需求。这要求架构具备高度的灵活性，能够动态调整能源的分配和利用，以适应不同的条件和需求。

架构设计必须支持实时数据的采集、传输和分析，以确保系统能够准确监测能源的产生、传输和消耗情况。这需要与各种现场设备，如传感器、控制器等进行无缝对接，确保信息的准确传递和快速响应。通过实时数据，系统可以实时监测和管理能源的流动，及时发现并解决问题，提高能源的利用效率。系统架构还应具备开放性和互操作性。这意味着系统需要采用通用的标准和协议，以确保不同厂家和设备之间进行有效的通信和协作。开放性架构有助于增强系统的可扩展性，可以让系统随着需要的变化不断添加新的能源资源和设备，而不会导致系统的不稳定或性能的下降。同时，互操作性的增强也有助于实现多能源系统的协同工作，确保各个部分可以协调运行，以实现最佳效果。

能源管理系统涉及对能源供应和分配的关键决策，因此必须具备高度的安全性，以防未经授权的访问和潜在攻击的发生。同时，系统的可靠性也十分重要，特别是在应对紧急情况和故障时，系统必须能够继续稳定运行，确保能源供应的连续性。系统架构需要考虑用户界面设计的可视化。用户需要能够轻松地监测和管理能源消耗情况和费用。因此，系统应该提供直观的用户界面，显示实时能源数据、报告和分析结果，帮助用户更好地理解自身能源使用情况，从而采取相应的措施降低能源成本和环境影响。

2. 数据处理

数据处理在实现高效能源管理和优化方面发挥着重要的作用。在这一环节，系统需要处理有各种来源的大量数据，包括能源消耗数据、环境参数、设备状态等。下面将详细探讨，数据处理在能源管理系统中的重要性及其所需的关键功能。

数据处理需要系统具备强大的数据收集和存储能力。能源管理系统需要实时地收集来自不同设备和传感器的数据，这可能涉及大量的数据流和数据点。因此，系统必须能够高效地采集和存储这些数据，以便后续进行分析和处理。数据的准确性和完整性也很重要，因为决策和优化都依赖于可靠的数据源。数据处理需要系统对数据进行分析和解读，包括数据的清洗、处理、转换和分析等。机器学习和人工智能技术可以用来发现数据中的模式和趋势，帮助系统更好地理解能源消耗和需求的关系。例如，系统可以利用历史数据预测未来的能源需求，从而优化能源分配和供应方案。数据分析还可以用来检测异常情况和故障，及时采取措施解决问题，确保系统的稳定运行。数据处理需要系统能够进行实时数据处理和决策。能源管理系统通常需要对能源供应和需求进行动态调整，以应对外部条件的变化和内部需求的变化。因此，对数据的处理必须具备实时性，系统应能够快速响应并采取行动。例如，在电力市场价格波动时，系统应可以通过实时数据分析调整能源采购计划，以获得最佳的成本效益。

数据处理还需要系统支持大规模数据处理和分布式计算。随着能源管理系统的规模不断扩大，被处理的数据量也会增加。因此，系统必须具备分布式计算能力，以确保数据处理的效率和速度。这可能涉及云计算和大数据技术的应用。数据处理还需要系统支持数据可视化和提供报告。能源管理系统的用户需要能够轻松地监测能源的消耗和利用效率，因此系统应该提供直观的用户界面，显示实时数据、报告和分析结果。这有助于用户更好地理解自身能源使用情况，并能采取相应的措施降低能源成本和环境影响。

3. 决策支持

决策支持是能源管理系统的重要组成部分，它是系统的"大脑"角色，负责根据数据分析结果，提供科学合理的决策建议。下面将详细探讨决策支持系统在能源管理系统中的关键作用以及所需具备的功能。

决策支持系统需要能够根据数据分析结果优化能源的分配和供应方案。例如，系统应可以根据历史能源消耗数据和外部条件（如天气预测、电力市场价格等），预测未来的能源需求，并相应地调整能源供应策略。这有助于降低能源成本，提高能源利用效率，同时确保系统的稳定运行。决策支持系统还需要考虑设备的运行调度和维护计划。这包括对设备的定期检查、维护和故障处理。系统应可以根据设备的状态和性能数据，自动化生成维护计划，减少停机时长，提高设备的可靠性。系统还可以根据设备的运行历史和维护记录，预测设备的寿命和性能下降趋势，提前采取措施延长设备的使用寿命。决策支持系统应该具备自动化决策的能力。高级的系统可以根据预先设定的规则和策略，自动化地调整能源分配、设备运行参数等，而无需人工干预。这不仅提高了系统的运行效率，还降低了人工管理的成本和错误风险。

决策支持系统还应具备学习和适应能力。它应可以根据历史数据和运行经验，不断优化决策策略，适应不同的外部条件和需求变化。这有助于提高系统的适应性和灵活性，使其能够更好地应对复杂多变的能源环境。决策支持系统还需要为用户提供使用方便的界面，以便操作人员和管理人员能够轻松地监控系统的运行状态并接受决策建议。界面应该直观易用，能够显示实时数据、报告和分析结果，帮助用户更好地理解系统的运行情况，做出明智的决策。

4. 用户界面

用户界面是能源管理系统的重要组成部分，它在系统操作和监控中扮演着关键的角色。下面将详细探讨用户界面在能源管理系统中的重要性以及设计原则。

用户界面应该是直观和友好的。这意味着操作人员不需要经过复杂的培训就能够轻松地使用系统。界面应该采用清晰的布局和易于理解的图形元素，以便用户快速理解所需的信息和功能。简洁明了的界面设计有助于减少误操作和提高操作的效率。用户界面需要提供实时的系统运行状态展示，包括能源消耗、设备运行状态、警报信息等关键性能指标的实时数据。操作人员应该能够直接查看系统的当前情况，并发现任何潜在的问题或异常。这有助于及时发现和解决问题，确保系统的稳定运行。用户界面还应具备数据可视化功能。数据可视化可以通过图表、曲线图、热图等方式将大量的数据呈现在用户面前，帮助用户更好地理解系统的性能。这有助于操作人员快速识别能源消耗的高峰和低谷，以及设备运行的稳定性，为决策提供有力支持。用户界面应具备一定的定制化能力。不同的操作人员可能有不同的操作需求和习惯，因此界面应该允许用户自定义信息和功能显示的方式。这可以通过进行个性化设置和配置选项来实现，这样操作人员就能够根据自己的需求来定制界面，提高工作效率。用户界面应支持高效的交互操作。这包括快速的搜索和过滤功能，以便用户可以迅速找到他们需要的信息。界面还应提供便捷的操作按钮和清晰的指令选项，以帮助用户执行各种操作，如设备控制、能源分配等。高效的交互操作有助于操作人员更好地管理系统。

3.3.2 能源存储技术

在多能源供热协同运行的背景下，能源存储技术尤为重要。它不仅能够平衡能源供需，还能提高能源利用效率，降低系统运行成本。构成能源存储技术的关键要素包括存储方法、存储介质、存储效率和成本分析。

1. 存储方法

能源存储方法的多样性对多能源系统的设计和顺利运行十分重要。不同类型的能源存储方法具有各自的优势和适用性，因此在多能源系统中，人们需要综合考虑多种存储方法，以满足不同能源类型的要求和需求。

一种常见的能源存储方法是电池存储。电池存储系统在多能源供热系统中虽不直接参与热能的存储和释放，但它们在整个能源系统的高效运行中扮演着重要角色，特别是在与供热相关的电力需求管理中。例如，电池可以有效地储存由太阳能或风能等可再生能源产生的电能，并在需求高峰期，如供热系统运行时，提供所需的额外电力。在供热系统中，特别是那些集成了电热泵或其他电力驱动设备的系统中，电池存储系统可以提供关键的能量支持。在夜间或可再生能源产量较低的时段，这些存储的电能可以被用于驱动供热系统，确保连续稳定的热能供应。此外，电池存储系统还可以在电网负荷较低的时段储存电能，然后在电价较高或电网负荷较大的时段释放电能，从而降低运营成本并提高能源使用的经济性。电池存储系统通常包括锂离子电池、铅酸电池、钠硫电池等不同类型的电池。这些电池具有不同的能量密度、循环寿命和成本特性，适用于多种不同的应用场景。在多能源供热系统中，选择合适类型的电池存储解决方案是实现高效能源管理和降低供热成本的关键。

除了电池存储，热能存储也是一种重要的能源存储方法。热能存储适用于热能的存储和释放，这可以通过将热能储存在热水储罐、相变材料或热储石中来实现。这种存储方法常用于太阳能热水系统、集中供热系统等，可以让人们在晴天或高能源产出时储存热能，然后在阴天或低能源产出时释放热能，以满足热水或供热需求。另一种重要的能源存储方法是机械储能，如抽水蓄能和压缩空气能量存储。抽水蓄能法是将水抽升到高地势的储水池中，在需要时释放水来驱动涡轮发电机，以产生电能。压缩空气能量存储则是将空气压缩储存在地下储气库中，然后在需要时释放压缩空气来发电。这些机械储能方法适用于大容量、长周期的能量存储，可以帮助实现能源供需平衡。化学储能方法，如氢气储存，也在多能源系统中发挥着重要作用。人们可以通过电解水或从天然气中获取氢气，然后将其存储在氢气储罐中。在需要时，氢气可以通过燃烧或在氢燃料电池中发生化学反应来产生电能。这种储存方法适用于长期能量存储和跨季节的能源平衡。

2. 存储介质

存储介质的选择对能源存储系统的性能和成本有重要影响。不同的存储介质具有不同的特性和适用性，因此在设计多能源系统的存储部分时，需要综合考虑多种因素，以确保选择的存储介质能够满足系统的要求。

锂离子电池作为一种高效的电能存储系统，在供热领域扮演着重要的角色，特别是在集成了电力驱动供热设备的多能源系统中。这些系统包括电热泵或其他电加热设备，它们依赖稳定和高效的电能供应，以提供所需的热能。使用锂离子电池作为电能存储介质，可以在可再生能源产量高时（如晴天或风力较强的时段）储存电能，并在供热需求增加的时候（如夜间或天气寒冷时）提供必要的电力。这种方法不仅提高了供热系统的整体能效，还有助于平衡电网负载，特别是在平衡可再生能源的间歇性和不可预测性方面。锂离子电池的高能量密度和长寿命特性使其尤为适合作为持续和可靠的电能供应，这对保证供热系统的连续运行十分重要。尽管生产成本较高，但锂离子电池的高效率特点和长期的耐用性依然使其成为供热系统中电能存储的有效解决方案。

在热能存储领域，水是一种常见的存储介质，被广泛用于太阳能热水系统和集中供热系统中。水具有高热容量和热导率，可以在需要时储存大量热能，并提供稳定的热能输出。此外，水是一种环境友好的介质，不会对环境造成污染。然而，水热能存储系统需要大型的储罐来容纳水，因此需要考虑空间和成本的限制。相变材料是另一种重要的热能存储介质，它们能够在相变过程中吸收和释放大量热能。常见的相变材料包括盐水溶液、有机蜡等。这些材料在相变时能够实现高效的热能存储，因此被广泛用于太阳能热能储能系统和工业过程中的热能储存。相变材料的选择取决于系统的温度要求和储能容量。

在选择存储介质时，人们还需要考虑介质的稳定性、可再生性和环境影响。稳定性指介质在多次充放电循环中是否能够保持性能稳定。可再生性与介质的来源和可持续性相关，应确保系统的能源供应是可持续的。此外，介质的环境影响也需要考虑，包括资源消耗、废弃物处理和对生态系统的影响。

3. 存储效率

存储效率在能源存储系统的性能评估中占有重要地位，它直接关系到能源的可持续利用和成本效益。在多能源系统中，提高存储效率需要采取多种措施，以确保能源存储和利用的高效性。

减少热损失是提升热能存储效率的关键。由于热能存储系统在存储和释放热能时往往伴随着能量损失，因此采用有效的隔热措施至关重要。使用高效绝缘材料，并设计经优化之后的储存设施，可以显著减少热能散失，从而提升存储效率。通过集成先进控制策略和智能算法，能源存储系统的整体效率可以得到进一步提升。智能控制系统能实时监控能源供需状况，并根据实际需求调整能源的存储与释放策略，优化存储效率。例如，系统可以根据预测的能源需求和天气状况提前调整策略，确保能源在需求高峰时得到有效利用。存储效率的提高还可通过技术创新实现，如开发新型储能材料或改进现有储能设备的设计。这些技术创新可以提高能源的存储密度，减少能源转换过程中的损耗，从而提高存储效率。

4. 成本分析

成本分析是衡量能源存储技术应用可行性的关键因素之一，对提高多能源系统的经济性和可持续性十分重要。在进行成本分析时，人们需要全面考虑多个方面的成本，以便更好地评估不同存储技术的性价比和可行性。

初始投资成本是成本分析的重要组成部分。这包括存储设备的购置成本、安装费用以及与存储设备相关的基础设施投资。不同类型的存储技术具有不同的初始投资成本，例如，锂离子电池相对较昂贵，而储热罐等热能存储设备的成本可能相对较低。此外，还需要考虑到电网连接成本和系统集成成本，以确保存储技术能够顺利与多能源系统集成。运行和维护成本是存储系统全寿命周期成本的重要组成部分。这包括能源存储设备的运行费用、维护费用、监控和控制费用等。不同存储技术在运行和维护方面的成本也存在差异，例如，固态电池通常具有较低的维护成本，而热能存储设备可能需要定期维护和清洁。成本分析应该考虑到设备的寿命和可靠性，以估算全寿命周期内的运行和维护成本。设备更换成本也是重要的考虑因素。存储设备通常寿命有限，在其寿命结束后，可能需要被更换或升级。成本分析需要估算设备更换的成本，并将其考虑在内。此外，考虑到技术的快速发展，未来可能出现更高效、更经济的存储技术，因此还需要考虑设备更换的时机和成本。

在进行成本分析时，还需要考虑到系统效率、能量损失和可靠性等方面。高效的存储技术通常可以减少能量损失，提高能源利用效率，从而降低运行成本。同时，可靠性也是关键因素，因为存储系统的故障可能导致能源供应中断，影响系统的稳定性。因此，在成本分析中人们需要综合考虑这些因素，并权衡不同存储技术的优缺点。成本分析还需要考虑到政府政策、能源市场条件和可再生能源的可用性等外部因素。政府的补贴政策、能源价格波动以及可再生能源资源的供应情况都可能影响存储技术的经济性。因此，在进行成本分析时，需要综合考虑这些因素，以制定最佳的存储技术选择和运营策略。

3.3.3 热网优化

在多能源供热协同运行的背景下，热网优化是确保能源高效传输和利用的关键环节。热网优化涉及网络设计、管网布局、热损控制和系统可靠性等多个方面，每个环节都对整体系统的性能和效率有重要影响。

1. 网络设计

热网的设计在多能源系统中扮演着重要的角色，它不仅涉及能源供热的高效分配和利用，还直接影响到整个系统的性能和可持续性。一个优秀的热网设计需要综合考虑多个关键因素，以确保系统在各个方面都能达到最佳性能。

热网设计需要考虑能源供应的多样性和不确定性。多能源系统通常包括多种能源，如太阳能、地热能等。这些能源在产生时存在不确定性，如太阳能受天气影响、地热能受地质条件影响。因此，热网设计需要考虑如何有效地整合这些不同的能源，以确保系统在各种条件下都能够提供稳定的供热。需求侧的动态变化也是热网设计的重要考虑因素。能源需求通常会随着时间和季节的变化而变化，因此，热网设计需要考虑如何动态调整供热水平，以满足人们在不同时间段和季节的需求。这可以通过构建智能控制系统和预测模型来实现，可以确保系统灵活地适应需求的变化。

热网设计还需要考虑热源的位置和类型。不同类型的热源具有不同的性能特点和能源密度。例如，太阳能供热系统通常需要安装大面积的太阳能集热器，而地源热泵系统则需要建造地下热泵或地热井。热网设计需要根据具体情况选择合适的热源类型，并确定其位置，以实现能源利用效率最大化。

热网设计还应考虑未来的可扩展性和灵活性。能源技术和需求都可能发生变化，因此，设计时需要考虑如何方便地扩展或升级系统，以适应未来的发展。这包括选择模块化的设计和设备，以及预留足够的容量和管道，以便在需要时进行扩展。高效的热网设计应该实现能够能源利用率最大化，减少能源传输过程中的损失。这可以通过合理的管道布局、绝缘材料的选择和高效的换热设备来实现。减少能源损失不仅有助于提高系统的能源效率，还可以降低运行成本。

2. 管网布局

管网布局是热网设计中至关重要的一环，直接影响热能传输的效率、成本和可靠性。一个合理的管网布局需要综合考虑多个因素，以确保系统能够高效地分配热能并实现能源传输距离最小化。

管网布局应尽量减小热能传输距离。较短的管道长度可以降低能源传输过程中的热损失，提高系统的能源利用效率。因此，在设计管网布局时，人们需要考虑到不同能源源头、能源需求点以及可能的中间储能站点的位置，以使管道的总长度达到最小。地形、城市规划和建筑分布等因素也必须纳入考虑。地形的高低起伏、城市中的交通状况、建筑物的布局都会影响管道的走向和布局。合理的管网设计需要适应这些因素，以避免不必要的工程难度和成本的增加。管网的直径和材料选择也是重要的考虑因素。管道的直径决定了能源传输的容量，应根据实际需求选择合适的直径。同时，管道材料的选择直接关系到管道的耐久性和维护成本。不同材料具有不同的导热性和耐腐蚀性，需要根据具体情况进行选择。绝热措施也是管网布局中不可忽视的因素。在热能传输过程中，热能损失是不可避免的，但可以做一些绝热措施来降低损失。这包括在管道周围添加绝热材料，如聚氨酯泡沫或岩棉，以减少热能的散失。绝热措施有助于提高系统的能源利用效率，降低运行成本。

管网布局还应考虑到维护的方便性和未来的升级改造可能性。管道布局应该使管道便于检修和维护，以确保系统的可靠性。同时，应预留足够的空间和容量，以便在未来需要扩展或升级系统时进行改造，避免不必要的工程重复和成本浪费。通过采用先进的计算模型和仿真技术，人们可以在设计阶段对管网布局进行优化。这些工具可以考虑各种因素，包括能源供需情况、地理条件、建筑布局等，帮助设计师制订最佳的管网布局方案。通过综合考虑这些因素，人们可以设计出高效、可靠且可持续的管网系统，为多能源系统的成功运行打下坚实的基础。

3. 热损控制

热损控制在热网系统设计和运行中起着重要的作用，它直接影响着系统的能源利用效率和经济性。为了降低热损失并提高热网的效率，人们需要采取一系列措施，这涉及绝热性能、管道布局、监控与控制以及热能回收等方面。

绝热性能的优化是减少热损失的基本措施之一。在热网系统中，热损失主要发生在热能传输的过程中，因此提高管道和设备的绝热性能十分重要。采用高效的绝热材料，如聚氨酯泡沫、岩棉等，可以有效减少热能在管道中的散失。减少管道的接头和弯头，采用直线布局，也可以降低热损失，提高能源的传输效率。

管道布局也是热损控制的关键因素。合理的管道布局应尽量减少热能传输距离，缩短管道的总长度。这可以通过选择最短的传输路径、考虑建筑物和地形的布局以及优化管道的直径等措施来实现。精心设计的管道布局，可以降低热损失，提高系统的效率。

应用监控与控制系统是实现热损控制的关键。实时监测系统中的温度、流量和压力等参数，可以让人们及时发现潜在的热损失问题，并采取措施进行调整。智能控制系统可以根据监测数据动态调整运行参数，以最大程度地减少热损失。例如，根据外部温度的变化，调整供热水温度和流量，以满足实际需求，降低能源浪费。

应用热能回收技术可以帮助人们利用损失的能量。热损失通常以热能的形式散失到环境中，但通过热能回收系统，人们可以将这些热能重新利用，提高系统的整体效率。例如，通过余热回收装置，人们可以将废热重新用来加热水或发电，减少热能的浪费。

4. 系统可靠性

系统可靠性在热网设计和运行中是一项重要的考虑因素，它直接关系到供热系统能否在各种情况下持续稳定地提供热能。为了确保系统的可靠性，人们需要综合考虑物理设备、控制系统以及应急响应等多个方面的因素，并采取相应的措施来提高系统的鲁棒性。

物理管网的可靠性是系统可靠性的基础。这包括管道、阀门、泵站等设备的设计和维护方面。在设计阶段，人们应选择高质量的材料和设备，确保其耐用性和抗腐蚀性。同时，定期检查和维护管道设备，及时更换老化或损坏的部件，也能减少潜在的故障风险。采用冗余设计，如备用热源和双路供热管道，可以在主要设备发生故障时提供备用的供热途径，确保系统的连续运行。

控制系统的稳定性和抗干扰能力也影响着系统可靠性。智能监控系统应具备自动检测和报警功能，及时发现并响应设备故障或异常情况。采用分布式控制系统，可以减少单点故障的风险，提高系统的鲁棒性。此外，应建立完善的应急响应机制，包括设计应急停机程序、紧急维修预案等，以应对突发情况。

天气等不确定因素也是影响系统可靠性的重要因素。在设计热网时，人们需要考虑到极端天气条件下的供热需求，并确保系统在极端情况下仍能提供足够的热能。同时，应建立气象监测系统，及时获取天气信息，以便调整供热策略。在寒冷地区，应用防冻和地埋管道等方面的相关技术可以有效减少极端天气对系统的影响。

3.3.4　智能控制策略

在多能源供热协同运行的框架下，智能控制策略十分重要。它不仅提高了系统的效率和可靠性，还增强了系统对复杂环境和不确定因素的适应能力。智能控制策略主要包括控制算法、自适应控制、预测模型和性能监测等方面。

1. 控制算法

控制算法在多能源供热系统中扮演着至关重要的角色，它们的设计和应用对提高系统的性能和能源利用效率具有重要影响。下面是一些常见的控制算法以及它们在多能源供热系统中的应用。

（1）PID 控制算法

PID 控制器是一种经典的反馈控制算法，用于调整系统的输出以维持期望的目标值。在多能源供热系统中，PID 控制器可以用于调整热水温度、供热水流速等参数，以满足用户的供热需求。通过实时监测和反馈，PID 控制器可以快速响应负载变化和能源供应的波动，从而提高系统的稳定性和响应性。

（2）模型预测控制

模型预测控制是一种高级控制算法，它利用系统的数学模型预测未来的系统行为，并根据这些预测做出最优的控制决策。在多能源供热系统中，模型预测控制算法可以用于优化能源分配和负载调度，以实现能源利用效率最大化。例如，模型预测控制算法可以让系统预测未来几小时内的天气情况和能源供应，然后调整系统参数以确保在不同条件下都能够满足供热需求。

（3）模糊逻辑控制

模糊逻辑控制是一种用于处理模糊信息和平衡不确定性的控制算法。在多能源供热系统中，模糊逻辑控制可以被用于根据用户的舒适度需求和能源供应情况来调整供热水温度和流速。这种控制方法更容易处理实际应用中有复杂性和不确定性的问题，提高了系统的适应性。

（4）　神经网络控制

神经网络是一种基于机器学习的控制算法，可以通过训练来适应系统的动态特性。在多能源供热系统中，神经网络可以用于建立系统的模型，并根据实时数据调整控制策略。这种控制方法能够更好地适应系统的非线性特性和变化，提高系统的性能。

2. 自适应控制

自适应控制在多能源供热系统中的应用是为了应对不断变化的外部环境和内部状态，以确保系统保持高效运行和优越性能。这种控制策略允许系统根据外部环境的变化来调整操作策略，例如，在天气突然变冷时，系统可以自动增加热水温度和流量，以满足用户的供热需求；而当气温升高时，系统可以减少能源的使用，以节省成本和能源资源。

自适应控制还考虑了多能源供热系统内部状态的变化，如设备老化、性能下降等。系统可以监测和识别这些内部状态的变化，并相应地调整操作以保持性能。例如，如果一台锅炉的效率下降，自适应控制就可以增加其运行时间，以弥补能量损失。

能源价格的波动对系统的运行成本有很大影响，自适应控制可以根据当前的能源价格情况选择最经济的能源供应方式。当能源价格较低时，系统可以更多地依赖电能供热，而当能源价格上升时，系统则可以切换到更便宜的供热方式。

自适应控制通常包括学习和优化功能，系统可以从历史数据中提取有价值的信息，不断改进控制策略。这使系统能够逐渐适应变化的条件，并实现长期的性能提升。最重要的是，自适应控制系统可以利用复杂的算法和模型来做出智能决策，以实现满足供热需求、降低成本、减少能源浪费等目标。这些决策不仅基于当前情况，还考虑了未来的变化趋势，可以实现最佳的长期性能。

3. 预测模型

预测模型在多能源供热系统的智能控制策略中具有十分重要的地位。这些模型是通过分析大量历史数据和实时信息，以及应用机器学习和人工智能技术来构建的，用于预测系统未来的状态、能源需求、外部环境变化以及设备性能。在多能源供热系统中，预测模型的应用对优化能源分配、减少成本和提高能源利用效率至关重要。

预测模型可以通过分析历史数据，包括季节性、日夜变化、周末工作日差异等，预测未来的负载需求。这有助于系统提前做好准备，确保足够的能源供应，同时避免能源的浪费。天气对能源系统的运行影响重大，例如，太阳能供热系统的性能受阳光照射的影响，风力发电系统则受风速的制约。通过分析气象数据和气象模型，系统可以预测未来天气情况，根据天气预报调整能源供应策略，以最大程度地利用可再生能源。

设备性能预测也是预测模型的一个重要应用领域。多能源供热系统中包括各种设备，如锅炉、太阳能集热器、风力涡轮机等，这些设备的性能可能会随着时间而变化。通过监测设备状态和性能数据，系统可以预测设备的未来性能，并采取维护措施，以确保设备的正常运行，减少突发故障的发生。

预测模型还可以用于能源价格预测。能源价格波动对系统的运行成本有很大影响。通过分析市场数据和价格趋势，系统可以预测未来能源价格的走势，从而选择最经济的能源供应方式。

4. 性能监测

性能监测在多能源供热系统的智能控制策略中扮演着重要的角色。这一环节的主要任务是对系统的运行状态进行实时监测和分析，以确保系统高效、稳定地运行，并为系统优化和升级提供数据支持。性能监测依赖于先进的传感器技术、物联网设备和大数据分析工具，通过持续采集和分析数据，提供系统性能的全面信息。

通过安装传感器和仪表，系统可以实时监测能源的供应和消耗情况，其中包括电能、热能等各种形式的能源。这些数据对系统的能源管理十分重要，可以帮助管理者确定能源的利用效率，发现能源浪费或异常情况，并采取相应的措施进行调整。

多能源供热系统有各种设备，如锅炉、太阳能集热器、风力发电机等，这些设备的性能直接影响系统的能源利用效率。通过安装传感器和监测设备，系统可以实时监测设备的运行状态、能效和性能参数，及时发现设备故障或性能下降的问题，并进行维护和修复，以确保设备的正常运行。

系统的稳定性对能源供热的连续性十分重要。通过实时监测系统的温度、压力、流量等参数，系统可以及时发现异常情况，预防潜在的故障和问题的发生。此外，性能监测还可以用于检测系统的安全性，确保系统在各种情况下都能够安全运行。通过大数据分析平台，系统可以对大量的监测数据进行处理和分析，发现潜在的优化机会和改进方案。这种数据驱动的优化可以帮助系统不断改进性能，降低能源成本，提高能源利用效率。

3.4 协同效率的评估方法

在多能源协同效率评估的领域，评估方法有较高的综合性和精确性是至关重要的。这些方法不仅涉及能源利用率、经济性、环境影响和社会效益等多维度指标，还包括评估模型的构建、评估工具与软件的应用，以及评估方法在政策制定、投资决策、技术选择和项目评估等方面的实际应用。评估方法的发展和完善，对于提高多能源系统的整体效率、促进可持续发展具有重要意义。精确的评估，可以让人们更好地理解和优化多能源系统的运行，为相关决策提供科学依据。

3.4.1 效率评价指标

在多能源系统的效率评价中，综合考虑各种关键指标十分重要。这些指标不仅衡量系统的性能，还反映了其对经济、环境和社会的综合影响。

1. 能源利用率

能源利用率是衡量多能源系统效率的核心指标。它反映了系统中能源转换和使用的效率。在实际应用中，能源利用率通常通过比较输入能源与系统产出（如电能、热能）的比率来计算。高效的能源系统能最大化地转换和利用每一单位能源，减少能源损失，提高能源的综合使用效率。例如，在热电联产系统中，由于同时产生电力和热能，能源利用率可以被显著提高，相比单独发电或供热的传统方式更为高效。

2. 经济性指标

经济性指标则关注系统的成本效益分析，包括初始投资成本、运行维护成本、能源成本以及潜在的经济收益。经济性评价不仅涉及直接的财务成本，还包括系统的长期运行成本和效益。例如，虽然某些可再生能源技术的初始投资较高，但由于其运行成本较低环境效益较高，长期来看可能更具经济性。因此，在评估多能源系统的经济性时，需要全面考虑长期运行周期内的成本和收益。

3. 环境影响

环境影响指标评估系统对环境的影响，包括温室气体排放、空气质量、水资源利用和生态系统的影响等方面。在当前全球气候变化和倡导环境保护的背景下，减少能源系统的环境足迹变得尤为重要。例如，使用清洁能源（如太阳能、风能）和高效能源技术可以显著减少温室气体排放，对环境的负面影响较小。进行环境影响评估有助于人们找到更加可持续和环境友好的能源解决方案。

4. 社会效益

社会效益指标考虑了能源系统对社会的影响，包括创造就业、能源安全、公共健康和社区发展等方面。例如，可再生能源项目不仅有助于减少环境污染，还可以在当地创造就业机会，提高能源供应的安全性，从而对社会产生积极的影响。社会效益的评估有助于人们理解和量化能源系统对社会的贡献。

综合这些指标，人们可以全面评估多能源系统的效率和综合效益，为能源政策制定、技术选择和投资决策提供重要依据。

3.4.2　评估模型构建

在多能源系统的评估过程中，构建有效的评估模型是关键。这些模型不仅提供了对系统性能的深入理解，还为优化设计和决策提供了支持。下面是构建评估模型时的四个主要环节。

1. 数学模型

数学模型在多能源系统的评估中扮演着核心角色。它们通过数学方程和算法来描述系统的行为和性能。这些模型通常要能囊括描述能源转换、传输和存储过程的物理和化学所需的相关数学模型。例如，在热电联产系统中，数学模型可以用来描述热力学过程、能量平衡情况和效率。这些模型可以是线性或非线性的，静态或动态的，取决于系统的复杂性和评估的需求。数学模型的优势在于它们能提供精确的量化分析，帮助人们识别关键的性能参数和潜在的改进领域。

2. 模拟仿真

模拟仿真在多能源系统的评估和优化中十分重要。这一方法通过在计算机上构建系统模型，模拟系统的运行过程，评估不同设计和操作策略的性能。模拟仿真提供了一种灵活的方式，允许工程师和研究人员在实际建造或修改系统之前进行全面的测试和分析。

模拟仿真允许人们对多能源系统的各个方面进行仔细的建模，包括能源（如太阳能、风能、热能等）、能源转换设备（如光伏电池、风力发电机、热泵等）、能源传输网络和负载需求等方面。通过将这些元素纳入仿真模型，人们可以准确模拟系统的整体行为。

模拟仿真可以用于评估不同的设计方案。工程师可以在仿真环境中测试不同的系统配置和参数设置，以确定哪种方案能够实现最佳的能源利用效率和性能。例如，模拟仿真可以用来比较不同太阳能电池板的布局方式，以确定哪种布局对于特定条件下的能源产出最有利。模拟仿真还可以用于预测系统在不同工况下的性能。通过在仿真中引入不同的输入条件，如天气变化、能源价格波动等，它可以预测系统的响应情况和表现。这有助于制定适应性强的操作策略，以在不同情况下实现系统的性能最大化。模拟仿真可以降低系统开发和优化的成本和风险。在仿真环境中进行测试和验证，可以避免在实际系统上进行昂贵的试验和调整。这不仅节省了时间和金钱，还减少了对环境的影响。

3. 实验验证

实验验证是确保评估模型准确性的关键步骤。通过实验，人们可以在实际条件下测试和验证模型的预测结果。这通常涉及在控制环境中构建原型或小规模系统，然后收集和分析数据。实验验证有助于人们识别模型中的假设和局限性，并确保模型能够准确反映现实世界的复杂性。例如，在开发新的热泵技术时，实验验证可以用来测试不同操作条件下系统的性能和效率。

4. 案例对比

案例对比是评估模型的另一个重要方面，它指将模型的预测与现实世界中的实际案例进行比较。这可以包括历史数据分析、现有系统的性能评估，或者与其他类似系统的比较。通过案例对比，人们可以评估模型的实用性和适用性，发现潜在的改进空间。例如，通过比较不同国家的多能源供热系统，人们可以识别哪些策略和技术在特定环境中最有效。

3.4.3 评估工具与软件

在多能源系统的评估中，使用高效的评估工具和软件是十分重要的。这些工具和软件不仅提高了评估的效率和准确性，还使复杂数据的处理和分析变得可行。下面是选择评估工具和软件时应注意的四个关键方面。

1. 软件工具

软件工具在多能源系统评估中扮演着核心角色。这些工具可以是专门为能源系统设计的软件，也可以是通用的数学和工程软件，通过定制之后满足特定需求。例如，有些软件专门用于模拟和分析太阳能和风能系统，而其他软件则可能更适合被应用于复杂的热电联产系统。这些软件通常有高级的数学模型，能够模拟能源系统的各种物理和化学过程。此外，许多软件还提供了图形用户界面，让用户直观地构建模型，输入数据，并查看模拟结果。高级软件工具还可能包括优化算法，帮助用户找到最佳的系统配置和操作策略。

2. 数据库建立

数据库的建立在多能源系统评估和管理中扮演着重要的角色。有一个全面、准确且实时更新的数据库是确保系统设计和运行的可靠性和高效性的基础。

数据库应涵盖各种能源类型的数据，包括传统的化石燃料（如煤、天然气、石油）、可再生能源（如太阳能、风能、水能、生物质能源）、核能等。每种能源类型的相关数据都需要包含有关其生产、转化、储存和使用的详细信息。例如，太阳能数据库可以包括不同地区的太阳辐射数据、太阳能电池板的效率和性能参数、太阳能系统的成本和维护要求等。

数据库应包括有关不同能源设备和技术的性能数据。这包括各种能源生产设备（如太阳能电池板、风力发电机、热泵、锅炉等）的技术规格、效率曲线、寿命、维护要求等。这些数据对评估系统的能源转换效率和性能至关重要。

数据库还应包括运营成本和环境影响数据。这包括能源生产和使用的成本、排放数据、碳足迹等。了解这些数据有助于人们综合考虑能源选择和系统设计的经济性和环保性。

数据库应包含地理和气象数据，以便人们根据不同地理位置和气象条件进行系统评估和优化。这些数据包括地理信息系统数据、气象数据、土地利用数据等。在构建数据库时，数据的准确性、完整性和时效性十分重要。因此，人们需要定期更新和维护数据库，以确保其中的信息与实际情况保持一致。数据的来源应该可靠，可以从各种权威机构、研究机构和行业报告中获取。

3. 用户操作

用户操作是评估工具和软件优劣的另一个关键方面。一个好的评估工具应该是用户友好的，即使是非专业人士也应能轻松使用。这通常需要设计简洁直观的用户界面，内容清晰的指令和帮助文档，以及容易理解的输出格式。例如，应该让用户能够轻松地输入不同的系统参数，选择不同的评估模型，以及调整各种操作条件。软件还应该提供错误检测和提示功能，帮助用户避免常见的输入错误。对于更复杂的评估任务，软件可能还需要提供高级功能，如脚本编写和自动化运行。

4.结果分析

结果分析是评估过程的最后但同样重要的一步。评估工具和软件应能提供详细且易于理解的结果分析功能，包括能源效率、经济性、环境影响和社会效益等多个方面的分析。例如，软件可以提供图表和图形来展示不同配置下的能源产出和消耗情况，或者比较不同操作策略的成本效益。高级的分析功能还可能包括敏感性分析和不确定性分析，帮助用户理解不同参数变化对结果的影响。通过这些分析工具，用户可以深入理解系统的性能，识别关键的影响因素，并做出正确决策。

3.4.4　评估方法的应用

在多能源系统的发展和实施过程中，评估方法的应用是一个关键环节，它涉及政策制定、投资决策、技术选择和项目评估等多个方面。这些应用不仅确保了系统设计的科学性和实用性，还对促进可持续能源发展和优化能源结构十分重要。

1.政策制定

在政策制定方面，评估方法为政府和决策者提供了一个科学的依据，帮助他们理解不同能源政策的潜在影响和效果。通过评估不同能源类型的环境、经济和社会效益，政策制定者可以更好地制定和调整能源政策，以促进可再生能源的发展，减少温室气体排放，并提高能源效率。例如，政策制定者可以利用评估结果确定补贴政策，制定能源效率标准，或者规划能源基础设施的发展。评估方法还可以帮助政策制定者预测和评估政策变化对能源市场和消费者的影响，确保政策的有效性和可行性。

2.投资决策

在投资决策方面，评估方法为投资者和企业提供了关键的信息，帮助他们评估不同能源项目的风险和回报。通过对项目的经济性、技术可行性和市场潜力进行综合评估，投资者可以更好地理解不同项目的优势和劣势，做出更加明智的投资决策。例如，评估方法可以帮助投资者比较不同能源技术的成本效益，预测项目的长期收益，并评估市场需求和政策变化对项目的影响。评估方法还可以帮助投资者识别和管理项目风险，如技术风险、市场风险和政策风险。

3. 技术选择

在技术选择方面，评估方法为工程师和技术专家提供了一个工具，帮助他们选择最合适的能源技术和系统配置。通过评估不同技术的性能、成本和环境影响，技术专家可以更好地比较和选择适合特定应用的技术。例如，评估方法可以帮助技术专家比较太阳能光伏和风能的效率和成本，选择最适合特定地区和应用的能源存储技术，并优化能源系统的设计和配置。评估方法还可以帮助技术专家预测技术的长期性能和维护成本，确保技术的可靠性和经济性。

4. 项目评估

在项目评估方面，评估方法为项目经理和开发者提供了一个框架，帮助他们评估和优化能源项目的整体性能。通过对项目的能源效率、经济性、环境影响和社会效益进行全面评估，项目经理可以更好地理解项目的优势和潜在问题，制订有效的项目计划和管理策略。例如，评估方法可以帮助项目经理优化项目的设计和布局，选择最合适的设备和材料，并制订有效的运营和维护计划。评估方法还可以帮助项目经理与利益相关者沟通和协调，确保项目的顺利实施和社会的广泛接受。

第4章 多能源供热系统的创新设计与建设实践

本章深入探讨了多能源供热系统的创新设计与建设实践，包括设计理念、方法、工具、设备与技术选择等内容。本章重点关注系统的绿色、可持续性设计，用户中心思维，以及系统思维的应用。同时，探讨了设备选型、技术参数、技术创新及市场趋势，旨在提供一个全面的视角来理解和构建高效、可持续的多能源供热系统。本章还着重于阐述对协同运行策略的研究与创新技术的应用，包括新材料、高效设备、智能控制和系统集成的最新进展。最后，章节还涉及安全与环保设计的重要性，强调节能减排措施、社会责任和公众参与的重要性，为构建更安全、环保、高效的多能源供热系统提供了全面的指导。

4.1 多能源供热的创新设计策略

在这一节中，笔者探讨了多能源供热系统的创新设计策略，重点关注绿色设计、可持续性、用户中心和系统思维的融合等方面。这一部分强调，在设计多能源供热系统时，不仅要考虑技术的高效性和经济性，还要兼顾环境保护和社会责任。通过深入分析设计理念、方法、工具及创新案例，本节旨在提供一个全面的框架，指导设计师和工程师在实际操作中如何有效地融合这些理念，以设计出更加高效、环保和用户友好的供热系统。这不仅是对技术创新的阐述，还是对未来可持续能源系统发展方向的预测。

4.1.1 设计理念

在多能源供热系统的设计中，核心理念的确立对实现高效、环保和用户友好的目标十分重要。下面是对"设计理念"的深入探讨，包括绿色设计、可持续性、用户中心和系统思维四个方面。

1. 绿色设计

绿色设计在设计多能源供热系统时十分重要。它不仅关注能源效率的最大化，还涉及使用环境友好的材料和技术，以及减少对自然资源的依赖。在实践中，这意味着选择可再生能源，如太阳能、风能或地热能，作为主要或辅助能源。此外，绿色设计还包括建筑和设备的优化，以减少能源损失，如改进建筑的绝热性能和使用高效的热交换器。这种设计方法不仅减少了对传统能源的依赖，还有助于降低运营成本，同时减少温室气体排放，可以对环境产生积极影响。

2. 可持续性

可持续性是多能源供热系统设计要考虑的另一个关键要素。它强调在满足当前需求的同时，不损害未来世代满足自己需求的能力。这包括对能源的有效利用，确保系统的长期运行不会耗尽资源或造成不可逆的环境损害等。可持续设计考虑系统的整个生命周期，从原材料的采集、设备的制造、运营过程中的能源消耗，到最终的废弃和回收。例如，使用寿命长、可回收或生物降解的材料，可以减少废物和环境影响。同时，通过智能技术和数据分析，人们可以优化运行策略，提高能源利用效率，减少浪费。

3. 用户中心

用户中心的设计理念强调以用户的需求和体验为中心。这意味着在设计多能源供热系统时，需要考虑用户的具体需求，如温度偏好、使用习惯和可支付能力。通过落实定制化的解决方案，如可调节的温控系统、用户友好的界面和个性化的服务，提高用户满意度和系统的接受度。用户中心的设计还要求系统可以起到教育和培训作用，应能帮助他们理解和有效使用系统，从而提高整体的能源效率。

4. 系统思维

系统思维指在设计和构建多能源供热系统时，考虑所有相关元素及其相互作用。人们应认识到，系统中的每个部分都不是孤立的，而是相互依赖和影响的。例如，能源的选择会影响系统的设计和效率，而用户的行为和偏好又会影响能源的使用和需求。系统思维要求设计者考虑各种因素，如技术、经济、环境和社会影响，并在这些因素之间寻找平衡。这种综合性的方法有利于创建更有弹性和适应性更强的系统，能够让人们应对不断变化的条件和需求。

4.1.2　设计方法

在设计多能源供热系统的过程中，采用一系列精确且有系统性的设计方法十分重要。这些方法确保设计具备有效性和实用性，同时可以满足环境、经济和社会的需求。设计方法包括需求分析、概念设计、详细设计和设计优化四个方面。

1. 需求分析

需求分析是设计过程的起点，它涉及对用户需求、环境条件和可用资源的全面评估。这一阶段的目标是确定系统必须满足的基本要求和约束条件。需求分析包括对供热量需求、温度范围、使用频率和持续时间的评估。此外，人们还应考虑地理位置、气候条件、可用能源类型（如太阳能、风能、生物质能）以及现有基础设施的情况。对这些因素的深入分析，可以帮助人们确保设计方案能够满足实际需求，兼顾成本效益和环境影响。

2. 概念设计

概念设计阶段是在需求分析的基础上，形成初步的设计方案。这一阶段的重点是探索不同的设计选项，评估它们的可行性，并确定最佳的设计方向。概念设计包括选择合适的能源类型、确定系统的基本结构和组件，以及考虑系统的可扩展性和灵活性等具体环节。在这个阶段，创新思维和有创造性的解决方案对设计而言是很重要的，因为它们可以帮助人们克服设计中的挑战，同时提高系统的整体性能和效率。

3.详细设计

详细设计阶段是将概念设计转化为具体技术方案的阶段。这一阶段涉及系统各个组件的具体设计，包括热源设备、传输管道、控制系统和辅助设施等组件。详细设计要求具备高度的精确性和技术专业性，包括对材料的选择、设备的尺寸和布局以及系统的性能参数等方面。在这个阶段，还需要考虑系统的安全性、可靠性和维护性。通过精确的工程计算和模拟测试，人们可以确保设计方案在实际应用中的有效性和稳定性。

4.设计优化

设计优化是对已有设计方案的持续改进和调整。这一阶段的目的是提高系统的性能，降低成本，并减少对环境的影响。设计优化可以通过多种方式来实现，包括使用更高效的设备和材料、优化系统布局和管道设计，以及采用先进的控制策略和能源管理系统。此外，设计优化还包括对系统进行实际测试和评估、根据反馈信息进行调整等。通过持续的优化过程，人们可以确保多能源供热系统在长期运行中保持最佳性能。

4.1.3　设计工具

在设计多能源供热系统的过程中，设计工具的选择和应用对确保系统的高效性、可靠性和可持续性至关重要。这些工具不仅提供了必要的技术支持，还能帮助设计师在复杂的设计决策中找到最佳解决方案。下面是对设计工具的深入探讨，包括计算软件、设计标准、性能测试和评价体系等方面。

1.计算软件

计算软件在多能源供热系统的设计过程中扮演着核心角色。这些软件工具使设计师能够进行精确的工程计算、系统模拟和性能预测。例如，热力学模拟软件可以帮助设计师评估不同能源组合的效率，而流体动力学软件则可被用于优化管道设计和热流分布。能源管理软件可以模拟系统在不同运行条件下的表现，帮助设计师优化能源分配和消耗。这些软件通常具有高度的灵活性和可定制性，能够根据特定项目的需求进行调整。使用计算软件不仅提高了设计的精确性和可靠性，还大大缩短了设计周期，降低了设计成本。

2. 设计标准

设计标准是确保多能源供热系统安全、有效和可持续的关键。这些标准包括国家和国际的规范、行业准则和最佳实践，涵盖了从材料选择、设备性能到系统布局和安全要求的各个方面。遵循这些标准不仅是法律和规章的要求，还是确保设计质量和系统性能的重要手段。设计标准的应用有助于提高系统的可靠性和持久性，同时减少维护成本和故障风险。遵循环境和能效标准还可以提高系统的环境友好性，符合可持续发展的目标。

3. 性能测试

性能测试是评估和验证多能源供热系统设计效果的重要步骤。这些测试包括实验室测试、现场试验和模拟运行。性能测试的目的是确保系统在实际运行中能够达到预期的性能指标，包括能效、可靠性和安全性。通过性能测试，设计师可以识别和解决设计的潜在问题，优化系统配置和运行参数。性能测试还提供了宝贵的数据和经验，有助于未来设计的改进和创新。性能测试不仅是设计验证的重要环节，还是提高用户信任和市场接受度的关键因素。

4. 评价体系

评价体系是对多能源供热系统设计进行全面评估的框架。这个体系包括一系列评价指标和方法，用于衡量系统的能效、经济性、环境影响和社会效益。评价体系的应用有助于人们客观地分析和比较不同设计方案的优劣，支持决策。评价体系还可以被用于监测和评估系统在实际运行中的表现，为系统的持续改进和优化提供依据。通过应用综合的评价体系，设计师可以确保设计方案不但在技术上先进，而且在经济和环境层面上可持续。

4.1.4 创新案例

在探索多能源供热系统的创新设计领域，研究和分析成功的案例是十分重要的。这些案例不仅展示了创新的实践，还提供了宝贵的经验和教训，对未来的设计工作具有指导意义。下面是对"创新案例"的深入探讨，包括国内外的创新实例、设计亮点、技术难题和成功要素。

1. 国内外创新

在全球范围内，多能源供热系统的创新案例层出不穷。例如，北欧国家在利用可再生能源和废热回收方面的实践，就为世界各地的供热系统设计提供了宝贵的经验。在中国，随着城市化进程的加快，多能源供热系统在提高能源效率和减少环境污染方面发挥了重要作用。这些案例通常涉及复杂的能源组合，包括太阳能、风能、生物质能和传统化石能源。通过创新的设计和技术应用，这些系统实现了能源的高效利用和环境影响的最小化。

2. 设计亮点

高效能源利用是绿色供热系统的一个重要设计亮点。许多创新案例通过采用先进的热能转换技术，如太阳能热水系统、地热泵技术等，实现了能源的高效利用。举例来说，太阳能热水系统可以将太阳能转化为热能，用于供热或热水供应，从而降低了对传统能源的依赖。地热泵技术则利用地下恒定的温度来进行热能交换，提供了可靠的供热解决方案。这些技术的应用不仅减少了能源消耗，还降低了碳排放，对环境产生了积极影响。优化的能源管理是设计亮点之一。绿色供热系统需要综合考虑多种能源类型和需求，因此，优化的能源管理策略至关重要。在一些创新案例中，智能控制系统被引入，用来实时监测能源供应和需求，并根据实际情况进行灵活调整。这意味着系统能够在能源高峰期间提供额外的供应，而在需求较低时节省能源。这种智能管理不仅提高了系统的效率，还确保了能源的可靠供应。智能控制技术在设计中占据重要地位。智能控制系统能够根据实时数据和环境条件做出智能决策，最大程度地优化能源利用。例如，通过使用先进的数据分析和预测模型，系统可以预测人们未来的需求，并提前做好准备。智能控制还包括自适应控制策略，系统应可以根据外部条件的变化自动调整供热和能源分配，确保自身在不同情况下都能高效运行。一些设计亮点还着重考虑了用户体验和可持续性。一些系统使用了环境友好材料，减少了对有害化学物质的使用，同时有节能减排方面的设计，如优化设备的能效和采用节能建筑设计，这些都能降低系统的能源消耗和对环境的负面影响。此外，为了提高用户体验，一些系统还提供了用户友好的界面，使用户能够轻松监控和控制能源使用，提高了系统的可操作性和舒适性。

3. 技术难题

能源的有效集成是一个重要的技术挑战。多能源供热系统通常涉及多种能源类型，如太阳能、地热能、生物质能等。将这些能源有效集成到一个系统中，确保它们协同运作，是一个复杂的问题。不同能源类型的性质和运行特点各不相同，因此需要开发一种适用于各种能源的集成技术。例如，如何将太阳能供热系统和地源热泵技术集成，以实现连续的供热，是一个需要深入研究的问题。这需要考虑到能源的可存储性、互补性以及系统的控制策略。提高系统的可靠性和稳定性是一个关键挑战。多能源供热系统需要在不同的气象条件和工作负载下稳定运行，因此需要高度可靠的设计和控制。这包括确保系统在极端天气条件下能够提供稳定的供热，以及防止设备故障对整个系统的影响。应对这个挑战需要采用可靠的设备和冗余设计，以及实施预防性维护策略。智能监控和故障诊断技术也可以帮助提高系统的可靠性。另一个技术难题是成本控制。尽管多能源供热系统在长期内可以降低能源成本，但其初始投资和运维成本可能较高。这包括能源设备的采购和安装成本，以及系统的维护和运行成本。因此，如何在保证系统性能的同时控制成本也是需要着重考虑的问题。解决这个问题需要综合考虑设备选择、系统设计和运行管理，以寻求让成本效益最大化的策略。此外，政府和政策支持也可以帮助降低多能源供热系统的成本，推动其广泛应用。

4. 成功要素

多能源供热系统成功的关键要素包括创新的设计思维、全面的规划和实施以及持续的优化和维护。创新的设计思维不仅体现在技术应用上，还包括对用户需求和环境影响的深入考虑。全面的规划和实施确保了系统设计的可行性和实用性。持续的优化和维护是确保系统长期高效运行的关键，包括定期的性能评估、技术升级和故障排除。成功的案例通常是多方面因素综合作用的结果，包括技术创新、有效的管理和良好的协作等。

4.2　设备与技术的设计选择

在多能源供热系统的设计与建设中，设备与技术的选择是一个关键环节，它直接影响到系统的性能、效率和可靠性。本节将深入探讨设备选型、技术参数、技术创新以及设备与技术的市场趋势四个方面。从热源设备到辅助设备的选择，每一环节都需精心考量，以确保系统的整体协调和高效运行。同时，技术参数的确定、对新技术的应用和设备的持续改进，都是提升系统性能的重要因素。市场需求、技术发展趋势、产业动态和政策导向对设备与技术的选择也有着深远的影响。本节将全面分析这些要素，为多能源供热系统的设计与建设提供全面的视角和深入的理解。

4.2.1　设备选型

在多能源供热系统的设计与建设中，设备选型是一个重要的环节。合适的设备选择不仅保证了系统的高效运行，还能显著提升能源利用率和经济性。本部分将深入探讨热源设备、传输设备、控制设备和辅助设备的选择，每个部分都将详细分析其在多能源供热系统中的作用和选择标准。

1.热源设备

热源设备是多能源供热系统的核心，它直接影响着系统的能源效率和稳定性。在选择热源设备时，需要考虑的关键因素包括能源类型、设备效率、环境影响和成本效益。常见的热源设备包括传统的燃煤锅炉、燃气锅炉，以及可再生能源设备，如太阳能集热器、地热热泵等。传统能源设备，如燃煤、燃气锅炉，其选择需要考虑排放标准、燃烧效率和运行成本。而可再生能源设备，如太阳能集热器，选择时考虑的重点应是能源的可获取性、转换效率和它们与传统能源的互补性。例如，太阳能集热器在阳光充足的地区成效显著，但也需要考虑阴雨天的能源补充问题。

2.传输设备

传输设备的作用是将热源设备产生的热能有效地传输给用户，包括管道、泵、阀门等。在选择传输设备时，关键考虑因素包括传输效率、管网布局、材料耐久性和维护成本。管道材料的选择尤为重要，它需要具备良好的保温性能，以减少热能在传输过程中的损失。同时，管道的布局设计应考虑到路径和阻力因素，以提高整体传输效率。泵和阀门的选择则需要考虑到流量控制的精确性和可靠性。

3.控制设备

控制设备是多能源供热系统的大脑，它负责监控和调节系统的运行。控制设备的优劣关键在于其智能化程度、稳定性和兼容性。智能化控制系统能够根据实时数据自动调整运行参数，优化能源分配，提高系统效率。控制系统的稳定性和可靠性也很重要。系统应能在各种环境条件下稳定运行，及时响应各种异常情况。兼容性则确保了控制系统能够与不同类型的设备和技术无缝集成。

4.辅助设备

辅助设备虽然不直接参与热能的生成和传输，但它们在确保系统高效稳定运行中发挥着重要作用，包括监测设备、安全设备、维护工具等。监测设备，如温度传感器、流量计，能够提供实时数据支持系统的优化运行。安全设备如压力阀、泄漏报警器，保障系统运行的安全性。维护工具则确保了系统的长期稳定运行。在选择辅助设备时，人们需要考虑其精确性、可靠性和与主要设备的兼容性。精确的监测设备能够提供更准确的数据，支持更有效的系统调节。可靠性保证了设备在长期运行中的稳定性，减少维护成本和停机时间。兼容性则确保了辅助设备能够与主要设备和控制系统无缝协作。

4.2.2　技术参数

在多能源供热系统的设计与实施中，技术参数的确定是确保系统高效、安全、可靠运行的关键环节。这些参数不仅涉及系统的整体性能，还包括具体的技术规格、安全标准和维护要求。下面是对这四个方面的详细探讨。

1. 性能指标

性能指标是衡量多能源供热系统效率和效能的关键参数，通常包括热效率、能源利用率、系统响应时间、可靠性和持续运行时间等。例如，热效率指标反映了系统将原始能源转换为可用热能的能力，是评价系统能源利用效率的重要指标。在选择性能指标时，应考虑系统的实际运行环境和需求。例如，对于需要快速响应的系统，响应时间是一个重要的性能指标。对于长期连续运行的系统，可靠性和持续运行时间则显得尤为重要。性能指标的选择还应考虑到系统的可扩展性和未来升级的可能性。

2. 技术规格

技术规格指对系统及其组成部分的具体技术要求，包括但不限于设备的尺寸、重量、容量、输出功率、输入能源类型等。这些规格直接影响着系统的设计、安装和运行。在确定技术规格时，人们需要综合考虑系统的整体设计、预期性能和安装环境。例如，设备的尺寸和重量应与安装空间相匹配，输出功率应满足用户的热能需求。同时，技术规格的选择还应考虑到设备的兼容性和互操作性，确保系统各部分能够高效协同工作。

3. 安全标准

安全标准是确保多能源供热系统安全运行的基本要求，包括设备的安全设计标准、操作安全规程、紧急响应机制等内容。安全标准的制定应基于国家和行业的相关规定，并应考虑到系统的特殊性。例如，使用易燃易爆材料的热源设备，需要进行严格的安全设计并制定相关操作规程来预防火灾和爆炸事故。对于电力驱动的设备，则需要确保电气安全，防止触电和电气火灾。建立紧急响应机制是应对突发事件的关键，它应包括紧急停机程序、事故报告流程和应急救援计划等内容。

4. 维护要求

维护要求是确保多能源供热系统长期稳定运行的重要因素，包括设备的常规检查、故障诊断、维修和更换周期等。制订合理的维护计划可以显著提高系统的可靠性和寿命，同时降低运行成本。在制定维护要求时，应考虑到设备的特性和运行环境。例如，对于在高温高压环境中运行的设备，人们需要更频繁地检查和维护。对于暴露在恶劣环境中的设备，如户外安装的管道，对其维护时应考虑到环境因素的影响。维护计划还应包括备件的储备和维修人员的培训。

4.2.3　技术创新

在多能源供热系统的发展中，技术创新是推动效率提升和性能优化的关键因素。这些创新不仅涉及新技术的应用，还包括对现有设备的改进、系统集成的优化以及整体性能的提升。下面是对这四个方面的详细探讨。

1. 新技术应用

新技术的应用是多能源供热系统创新的重要组成部分。这些技术可能涉及高效能源转换、智能控制系统、先进材料的使用等。例如，最新的太阳能集热技术可以显著提高太阳能的利用效率，而智能控制系统的应用能够实现更精确的能源分配和调节。新技术的应用不仅提高了系统的能源效率，还有助于降低运行成本和环境影响。在选择新技术时，应考虑其成熟度、成本效益比以及与现有系统的兼容性。新技术的引入还应伴随着对操作人员的培训和技术支持，以确保其能够被正确理解和有效利用。

2. 设备改进

设备改进是提升多能源供热系统性能的另一个关键方面，包括对现有设备的升级和优化，如提高热源设备的燃烧效率、增强传输设备的保温性能、提升控制设备的智能化水平等。设备改进的目标是在不完全更换现有系统的情况下，通过升级关键部件或优化设计提高系统的整体性能。这种改进通常成本较低，且能被快速实施。在进行设备改进时，人们应考虑到改进措施的可行性、成本效益和对系统运行的影响。

3. 系统集成

系统集成是多能源供热系统创新的核心，它指将不同能源和技术有效地结合在一起，以实现最佳的运行效率和性能。良好的系统集成不仅能提高能源利用率，还能增强系统的灵活性和适应性。在进行系统集成时，关键是要确保各个组成部分之间的兼容性和协同工作。这可能涉及不同能源类型的匹配、设备接口的标准化、数据和控制信号的集成等。系统集成还应考虑到未来的扩展性和升级可能性，以适应不断变化的需求和技术发展。

4. 性能提升

性能提升是多能源供热系统技术创新的最终目标，包括提高系统的能源效率、增强可靠性和稳定性、降低运行和维护成本等方面。性能提升的实现通常需要综合考虑新技术应用、设备改进和系统集成的效果。在追求性能提升时，应采用全面的方法，考虑到系统的各个方面和整体性能。这可能涉及优化系统设计、改进操作策略、提升维护管理等。同时，性能提升的过程还应伴随着持续的监测和评估，以确保改进措施能够达到预期效果。

4.2.4 设备与技术的市场趋势

在探讨多能源供热系统中设备与技术的市场趋势时，人们需要关注市场需求、技术发展、产业动态和政策导向这四个关键因素。它们共同塑造了当前和未来多能源供热系统的发展方向。

1. 市场需求

市场需求是推动多能源供热技术和设备发展的主要动力。随着全球对节能减排和可持续发展的重视，越来越多的国家和地区正在寻求更高效、更环保的供热解决方案。这使人们对高效、低排放供热设备的需求日益增长。在市场需求方面，人们可以看到住宅和商业建筑对节能供热系统的需求在不断上升。

这不仅是由于环保意识的提升，还因为节能供热系统能够为用户带来长期的经济效益。随着城市化进程的加快，城市供热系统的现代化改造也成了一个重要的市场需求点。

2. 技术发展

技术发展是推动多能源供热市场进步的关键因素。近年来，供热系统的技术创新主要集中在提高能源效率、降低环境影响、增强系统的智能化和可靠性等方面。在能源效率方面，高效的热泵技术、太阳能供热系统和废热回收技术正在不断发展和完善。环境影响方面，低排放燃烧技术和清洁能源的利用成为研发的重点。智能化方面，通过物联网技术和大数据分析，供热系统的运行管理正变得更加高效和精准。

3. 产业动态

产业动态反映了多能源供热市场的最新发展趋势。目前，人们可以看到，越来越多的企业投入高效供热设备的研发和生产中。同时，跨行业合作成为一个显著的趋势，如能源公司与信息技术企业的合作，旨在开发更智能、更高效的供热解决方案。随着市场的发展，供热设备的标准化和模块化也成了产业发展的一个重要方向。这不仅有助于降低生产成本，还使供热系统的安装和维护变得更加简便。

4. 政策导向

政策导向在多能源供热市场的发展中扮演着重要的角色。许多国家和地区通过制定相关政策和标准，推动供热系统的节能减排和技术创新进程。这些政策和标准包括对清洁能源的补贴、对传统供热方式的限制以及对新建建筑的能效标准等。它们的制定不仅促进了清洁、高效供热技术的发展，还为企业提供了市场导向，帮助他们确定研发和投资的方向。政策还有助于引导公众意识，提高人们对节能减排和可持续发展的认识。

4.3　协同运行策略研究与创新技术应用

在本节中，笔者将深入探讨协同运行策略研究与创新技术应用在多能源供热系统中的关键作用。这一部分着重于理解如何通过高效的协同运行原理和策略，实现能源的最优利用和管理。笔者将探索系统协同、能源互补、负荷调节和效率优化等方面，以及它们如何在实际运行模式、调度策略、需求响应和故障处理的过程中产生影响。本节还将涉及创新技术在提高系统性能、实现智能控制和系统集成方面的应用，并通过案例分析来展示这些策略和技术的实际效果。这些内容将为理解和实施高效、可靠的多能源供热系统提供深入的理解。

4.3.1　协同运行原理

协同运行原理是提高多能源供热系统效率和性能的核心。通过精确的系统协同、能源互补、负荷调节和效率优化，这些系统不仅能够提供稳定和可靠的供热服务，还能在节能减排和经济效益方面发挥重要作用。接下来的内容将深入探讨这四个方面的具体实现和优化策略。

1. 系统协同

系统协同指不同能源和设备在供热系统中的有效整合和协作。在多能源供热系统中，不同的能源形式，如太阳能、风能、生物质能和传统化石能源，需要通过精心设计的系统协同工作，来确保连续供能和被最大化利用。这种协同不仅涉及能源本身，还包括控制系统、传输网络和用户界面的整合。有效的系统协同可以显著提高能源利用效率，减少能源浪费，并确保系统的稳定运行。

2. 能源互补

能源互补关注的是不同能源之间的相互支持和补充。在多能源供热系统中，各种能源形式具有不同的特点和可用性。例如，太阳能在晴朗的日子供应充足，而在阴天则较少；风能在风力强的日子更加强劲。将这些不同的能源形式结合起来，可以实现更加稳定和高效的能源供应。能源互补策略的关键在于理解各种能源的特性，并通过智能控制系统优化它们的组合和利用。

3. 负荷调节

负荷调节指根据用户需求和外部条件调整能源供应的过程。在多能源供热系统中，负荷调节对保持系统效率和响应市场需求十分重要。这涉及对用户需求的实时监测和预测，以及对供热设备的灵活控制。通过负荷调节，系统可以在需求低时减少能源供应，而在高峰时段增加供应，从而优化能源使用并减少浪费。

4. 效率优化

效率优化是提高多能源供热系统性能的最终目标。这包括通过先进的控制算法、设备升级和维护策略来提高系统的整体效率。效率优化的关键在于持续监测系统性能，识别效率低下的区域，并实施相应的改进措施。这可能涉及引入更高效的设备，优化控制策略，或改进能源管理系统。这些措施，可以显著降低能源消耗，减少运营成本，并提高系统的环境可持续性。

4.3.2　运行策略

在多能源供热系统中，运行策略的优化是确保系统高效、稳定运行的关键。这包括运行模式的选择、调度策略的制定、需求响应的灵活性以及故障处理的效率等方面。每个方面都对系统的整体性能有深远影响，因此需要细致的规划和实施。

1. 运行模式

运行模式的选择对提高多能源供热系统的效率和可靠性至关重要。这些模式可能包括基于时间的运行（如峰谷时段运行）、基于天气条件的调整（如温度或太阳辐射强度）以及基于用户需求的动态调整。选择合适的运行模式可以最大化能源利用效率，同时确保用户的舒适度。例如，系统可以在能源成本较低的时段增加运行强度，或者在预测到会有高需求时提前调整运行状态。这种策略不仅优化了能源使用，还能减少运营成本。

2. 调度策略

调度策略指如何有效地分配和利用多种能源资源以满足不同时间和条件下的热能需求，包括能源的优先级设置、设备的启停控制以及能源流的管理等方面。有效的调度策略能够确保在满足用户需求的同时，最大限度地减少能源浪费和运营成本。例如，系统可以优先使用可再生能源，并在其不足时自动切换到传统能源，以平衡成本和环境影响。

3. 需求响应

需求响应指系统根据实时或预测的能源需求和市场条件进行调整。这种策略使系统能够灵活应对需求波动，优化能源分配。需求响应可以通过智能控制系统来实现，这类系统能够实时监测能源市场和用户需求，自动调整运行参数。例如，在电力需求高峰期，智能控制系统可以减少电力消耗，转而使用其他能源形式，以减轻电网负担并降低成本。

4. 故障处理

故障处理策略是多能源供热系统可靠运行的重要保障，包括故障的及时检测、快速响应和有效修复。一个健全的故障处理机制不仅能够减少停机时间，还能提高系统的整体可靠性和用户满意度。例如，通过实时监控系统性能，人们可以及时发现并诊断潜在的问题，从而在问题恶化前进行干预。定期的维护和检查也是预防故障发生的关键措施。

4.3.3 创新技术应用

在多能源供热系统的发展中，创新技术的应用是推动效率提升和可持续发展的关键因素。新材料的开发、高效设备的应用、智能控制系统的集成以及整体系统的集成创新，这些方面共同构成了技术创新的核心。每一项技术都在系统的设计、实施和运行中扮演着至关重要的角色，对提高系统性能、降低成本和提高系统的环境友好性具有显著影响。

1. 新材料

新材料的开发和应用是多能源供热系统技术创新的重要组成部分。这些材料通常有更高的热效率、更高的耐久性和更低的环境影响。例如，高效的热绝缘材料可以显著减少能源损失，提高系统的整体热效率。同样，耐高温、抗腐蚀的新型材料可以延长设备寿命并减少维护需求。使用可回收材料也是实现环境友好型供热系统的关键。这些材料不仅减少了生产过程中的资源消耗和废物产生，还有助于进行系统末端的回收再利用。

2. 高效设备

高效设备的应用是提升多能源供热系统性能的另一个关键方面。这包括使用高效率的热交换器、节能型泵和风机以及应用先进的燃烧技术等。这些设备能够更有效地转换和传输能量，从而降低能源消耗和运营成本。例如，使用先进的热泵技术可以让系统在较低的能源输入下提供更高的热输出，而高效的燃烧技术则可以减少燃料的消耗和排放。此外，这些设备的高效运行还有助于减少系统的维护需求和延长设备寿命。

3. 智能控制

智能控制系统的集成是实现高效和灵活运行的关键。这类系统利用先进的传感器、控制算法和数据分析技术，可实现对供热系统的精确控制和优化。例如，通过实时监测系统性能和外部条件（如天气、能源价格等），智能控制系统可以自动调整运行参数，以达到最大效率和响应用户需求。这类系统还可以进行故障预测和诊断，从而提前预防问题的发生，减少停机时间和维护成本。

4. 系统集成

系统集成是实现多能源供热系统综合性能优化的重要环节。这涉及不同能源和设备的有效协调，以及整个系统的优化设计。例如，通过集成太阳能、地热能和传统燃料等多种能源，系统可以在不同条件下选择最合适的能源组合，以实现成本和环境效益的最大化。同时，系统集成还包括将供热与建筑物管理系统、智能电网以及其他相关基础设施相连接的工作。这种集成不仅提高了能源利用效率，还增强了系统的灵活性和适应性。例如，通过与智能电网的集成，供热系统可以在电力需求低峰时段利用较便宜的电力进行热能存储，从而在高峰时段减轻电网负担。系统集成还涉及数据和信息的共享，可以使运营商更有效地监控和管理系统，实现更高的运行效率和维护成本的降低。

4.3.4 运行策略的案例分析

在探索多能源供热系统的协同运行策略时，案例分析为人们提供了宝贵的实践经验和深刻的洞察。分析成功案例、总结教训、优化策略，以及制定有效的推广策略，可以为未来的项目实施和技术发展提供指导。

1. 成功案例

成功案例的分析揭示了多能源供热系统在实际应用中的有效性和可行性。例如，某城市采用太阳能和生物质能源结合的供热系统，成功实现了能源的多样化利用和供热成本的显著降低。该系统通过智能控制技术，根据天气变化和用户需求动态调整能源使用，实现了高效率和低排放。系统的模块化设计使维护和升级更加方便，提高了系统的长期稳定性和可靠性。

2. 教训总结

从失败的案例中学习同样重要。一些项目由于缺乏充分的市场调研和需求分析，系统设计与实际需求不符，造成资源浪费和效率低下的问题。例如，某项目过度依赖单一能源，未能考虑到能源价格波动和供应不稳定的风险，最终导致运营成本大幅上升。这些教训提示人们，在设计和实施多能源供热系统时，需要全面考虑市场、技术、环境和社会因素，确保系统的经济性和可持续性。

3. 策略优化

策略优化是提高多能源供热系统性能的关键。它可以通过对现有系统的持续监测和分析，帮助人们识别出潜在的改进点。例如，引入更先进的数据分析和机器学习技术，可以更准确地预测能源需求和优化能源分配。定期的系统维护和升级也是保证高效运行的重要措施。系统的优化不仅包括技术层面，还应包括管理和运营流程的改进，以提高整体运行效率和降低成本。

4. 推广策略

为了促进多能源供热系统的广泛应用，制定有效的推广策略十分重要。这包括提高公众对这些系统的认识和接受度，以及通过政策支持和经济激励来推广等。例如，政府可以为相关单位提供补贴或税收优惠，降低他们的初期投资成本。同时，通过教育和宣传活动提高公众对可持续能源和环保的认识，也可以增加市场需求。与行业领导者和研究机构的合作，可以促进技术创新和知识共享，加速多能源供热系统的技术进步和市场渗透。

4.4　安全与环保的设计与建设考虑

在本节中，笔者探讨了安全与环保在多能源供热系统设计与建设中的重要性。这一节深入讨论了确保系统安全性的设计原则，包括全面的风险评估、有效的预防措施、应急响应机制和严格的安全监管。同时，环保材料与技术的应用，如可持续材料的选择、污染控制技术的应用、废物管理和绿色建筑标准的遵循，被强调为设计中的关键。节能减排措施，包括节能设计、排放监测、清洁能源的利用和碳足迹评估，被视为提升系统环保性能的重要方面。最后，社会责任与公众参与的重要性被突出，包括社区合作、公众教育、透明度提升和利益相关者沟通，以确保项目的可持续性和社会接受度。

4.4.1 安全性设计原则

在多能源供热系统的设计与建设中，安全性设计原则占据了核心地位。这一原则保证了系统在运行过程中的稳定性和可靠性，同时降低了潜在的风险和危害。下面是对这些原则的详细探讨。

1.风险评估

风险评估是安全性设计的基石。这一过程涉及对多能源供热系统可能面临的各种风险进行全面识别、分析和评估的过程。这些风险包括但不限于设备故障、操作错误、自然灾害以及其他可能导致系统中断或损坏的因素。风险评估的目的是确定这些风险的可能性和潜在影响，以制定有效的缓解策略。这通常涉及对系统的各个组成部分进行详细的技术分析，以及对外部环境因素的考量。评估结果将直接影响到预防措施的制定和应急响应计划的准备。

2.预防措施

在风险评估的基础上，设计团队需要制订一系列预防措施来减轻或消除潜在的风险。这些措施可能包括改进设计规范、增强系统冗余、进行更严格的质量控制程序以及员工培训和教育。例如，人们可以通过使用更高标准的材料和组件，提高系统的耐用性和可靠性。同时，应确保系统设计具有足够的冗余，使其在某一部分发生故障时整体仍能保持运行。定期的维护和检查也是预防措施的重要组成部分，它们有助于人们及时发现并解决潜在问题。

3.应急响应

尽管预防措施可以显著降低风险，但仍需准备应对突发事件的应急响应计划，包括制定详细的应急程序、准备必要的应急资源（如备用设备和物资）以及进行员工培训以应对各种紧急情况。应急响应计划应涵盖从初步警报到事件控制再到恢复正常运行的整个过程。定期的演练和评估对确保应急响应计划的有效性至关重要。

4. 安全监管

持续的安全监管是确保多能源供热系统长期安全运行的关键。这涉及对系统运行的持续监控，以及对安全规程的定期审查和更新。安全监管还包括确保所有操作符合相关的法规和标准。建立一个有效的报告和反馈机制对及时识别和解决安全问题也是必不可少的。这些措施，可以保证系统在其整个生命周期内保持最高水平的安全性。

4.4.2　环保材料与技术

在多能源供热系统的设计与建设中，环保材料与技术的应用是实现可持续发展目标的关键。

1. 可持续材料

可持续材料的选择对减少多能源供热系统对环境的影响至关重要。这些材料通常具有低环境影响、高耐用性和可回收性的特点。例如，使用再生材料和生物基材料可以显著减少资源的消耗和废物的产生。选择本地材料可以减少运输过程中的碳排放。在系统设计中，应优先考虑那些具有环保认证的材料，如 LEED 或 BREEAM 认证的产品。这些材料不仅有助于降低运行成本，还能提高建筑的整体环境性能。

2. 污染控制技术

污染控制技术是多能源供热系统中不可或缺的一部分，旨在减少系统运行过程中的环境污染，包括减少温室气体排放、降低噪声污染以及控制空气和水污染等方面。例如，使用高效的燃烧技术和排放控制系统可以显著减少二氧化碳和其他有害气体的排放。同时，采用先进的噪声控制技术可以减少设备运行时产生的噪声污染。这些技术不仅有助于保护环境，还能提高系统的社会接受度。

3. 废物管理

在多能源供热系统的设计和运行过程中，落实有效的废物管理策略是实现环保目标的关键。废物管理包括废物的减量、回收和再利用。例如，人们可以通过优化设计和施工过程，减少建筑废物的产生。同时，对系统运行过程中产生的废物进行分类和回收，可以降低对填埋场的依赖。将某些废物转化为能源或其他有用的产品，如生物质资源，也是废物管理的重要方面。

4. 绿色建筑标准

遵循绿色建筑标准的要求是实现多能源供热系统环保目标的重要途径。这些标准涵盖了从设计、建造到运营的各个方面，旨在提高建筑的能效，减少环境影响，并提供健康舒适的居住环境。例如，LEED 和 BREEAM 等认证系统提供了一系列可持续建筑的指导原则和评价标准。遵循这些标准不仅有助于减少能源消耗和碳排放，还能提高建筑的市场价值和吸引力。

4.4.3 节能减排措施

在多能源供热系统的设计与建设中，实施有效的节能减排措施是十分重要的。这不仅有助于减少环境影响，还能提高能源效率和经济效益。

1. 节能设计

节能设计是多能源供热系统中减少能源消耗和提高能效的关键。在系统的初步设计阶段，人们就应考虑能效因素，包括建筑布局、材料选择、设备配置等。例如，优化建筑的热性能，如增加绝热材料，可以大幅减少供热需求。同时，采用高效的供热设备和控制系统可以进一步提高能源利用效率。通过智能控制系统实现对供热需求的精准预测和调节，可以显著降低能源浪费。

2. 排放监测

排放监测在多能源供热系统中的作用不可忽视，它是提高系统的环境友好性和合规性的重要手段。排放监测包括对多能源供热系统中产生的各种污染物的监测和控制。这些污染物可能包括温室气体（如二氧化碳、甲烷）、氮氧化物、颗粒物等。监测这些污染物的排放量是非常重要的，因为它们会直接影响到大气质量和气候变化。通过实时监测和记录排放数据，系统的运营商和监管部门可以更加了解系统的环境性能，这也有助于让运营商在法规要求下实现合规运营。

通过持续监测排放数据，系统操作人员可以实时了解系统的环境影响，并根据需要采取相应的控制措施。例如，如果监测数据显示二氧化碳排放量异常升高，操作人员可以调整系统参数，减少燃烧过程中的排放。这种实时响应能够降低环境影响，提高系统的环保性能。多能源供热系统在运营过程中通常需要遵守一系列环境法规和排放标准。监测和报告排放数据是确保系统合规性的关键步骤。如果系统的运行未能符合法规规定，运营商可能会面临罚款和其他法律后果。因此，排放监测是确保系统合法运营的重要手段。排放数据的公开透明也有助于建立公众信任。环保问题受到越来越多人的关注，公众对供热系统的环境性能也提出了更高的要求。通过公开排放数据，系统运营商可以展示其在环保方面的努力和责任感，提高公众对系统的信任度。此外，公开排放数据还可以促使供热系统运营商采取更积极的环保措施，以改善其环境性能。

3. 清洁能源利用

太阳能是一种重要的清洁能源，特别适用于多能源供热系统。太阳能热水器和太阳能光伏板是两种主要的太阳能设备，它们可以直接利用太阳辐射来产生热能和电能。太阳能热水器将太阳能转化为热能，用于供暖和热水，这可以显著降低系统的能源消耗。太阳能光伏板则将太阳光转化为电能，为系统提供清洁的电力来源。通过合理设计和集成，太阳能可以成为多能源供热系统的重要补充，减少对传统化石燃料的依赖，降低温室气体排放。风能也是一种可再生能源，可以用于多能源供热系统。风力发电机将风能转化为电能，满足系统的电力需求。风力发电系统通常可以与其他清洁能源技术，如太阳能光伏板，结合使用，以确保系统在不同天气条件下稳定供电。风能的利用有助于能源结构的多样化，减少碳排放，提高系统的环保性能。地热能也是一种重要的清洁能源，可以在多能源供热系统中应用。地热泵技术可以利用地下热能来供热，无需依赖传统的燃烧过程，因此具有零排放特点。地热能源的稳定性和持续性使其成为开发多能源系统时的可靠选择，特别是在寒冷气候地区。生物质能源和废热回收技术也可以作为清洁能源的重要组成部分。生物质能源可以将有机废物转化为热能或电能，实现资源再利用，减少废物处理成本。废热回收技术则可以从工业过程中捕获废热，并将其用于供热，提高能源的利用效率。

4. 碳足迹评估

碳足迹评估是评价多能源供热系统环境影响的重要工具。这涉及对系统整个生命周期中产生的温室气体排放进行量化分析的工作。例如，通过评估建筑材料的生产、运输和使用过程中的碳排放，人们可以识别出减排潜力最大的环节。此外，系统运行过程中的能源消耗和排放也是进行碳足迹评估的重要部分。通过这些评估，设计者和运营者可以制定有效的减排策略，如优化能源结构、提高能效和采用低碳技术。这些措施不仅有助于减少环境影响，还能提高系统的市场竞争力。

4.4.4　社会责任与公众参与

在多能源供热系统的设计与建设中，社会责任和公众参与是不可忽视的重要方面。这不仅涉及技术和环境问题，还关系到社会的可持续发展和公众的福祉。

1. 社区合作

社区合作是实现多能源供热项目成功的关键因素之一。这种合作通常涉及项目规划者、开发者与当地社区之间的互动与协调。例如，项目团队可以与社区领导和居民合作，共同确定项目的设计和实施方式，确保它们符合当地的需求和期望。这种合作还可以包括共同开发社区教育和培训项目，提高居民对可持续能源和环保的认识。社区合作还有助于提高项目的社会接受度和支持度，从而加快项目的实施进度和提高其成功率。

2. 公众教育

公众教育是提高社会对多能源供热系统重要性认识的重要途径。这可以通过组织研讨会、展览、公共讲座等活动来实现。例如，项目团队可以在学校和社区中心举办教育活动，向公众介绍多能源供热技术的原理、优势和环境效益。这些活动不仅有助于提高公众的环保意识，还能激发年轻一代对可持续能源技术的兴趣。通过与媒体合作，项目团队还可以扩大其影响力，提高公众对项目的认知度和支持度。

3. 透明度提升

透明度是建立公众信任和支持的关键。这意味着项目的规划、实施和运营过程应该是开放和透明的。例如，项目团队可以定期发布项目进展报告，包括设计决策、成本预算和环境影响评估等信息。这些信息的公开可以帮助公众更好地理解项目的目标和价值，从而减少误解和反对的声音。透明度还包括对公众意见的开放和响应。通过设置公众咨询和反馈渠道，项目团队可以及时了解并解决公众的关切和问题。

4. 利益相关者沟通

有效的利益相关者沟通是确保项目顺利进行的关键。这包括项目团队与政府机构、行业协会、供应商、投资者和社区居民等各方之间的持续沟通和协调。例如，项目团队可以定期举行利益相关者会议，讨论项目进展、面临的挑战和机遇。这种沟通有助于建立共识，协调不同利益方的期望和目标。通过有效的沟通，项目团队还可以及时识别和解决潜在的冲突和问题，从而确保项目的顺利实施和长期成功。

第5章 多能源协同供热的智能控制

第五章专注于智能供热系统的新构成，包括智能化组件、数据管理、用户界面以及维护与升级的关键要素。本章深入分析了数据采集与分析的创新技术，包括高精度采集、实时分析、大数据技术和决策支持等方面。接着，本章还阐述了优化控制的新策略，涵盖了控制算法、系统优化、性能监测和智能调节等内容。最后，本章探讨了云计算与物联网在供热系统中的应用，包括云计算基础、物联网架构、云物联协同以及相关应用案例。这些内容提供了对智能供热系统的全面理解，可以帮助人们更好地提升供热效率和用户体验，同时确保系统的可持续性和安全性。

5.1 智能供热系统的新构成

本节探索智能供热系统的新构成，这是一个涵盖了先进技术和创新思维的领域。本节深入讨论了智能化组件的关键要素，如传感器技术、自动化控制、人工智能算法和系统集成。同时，笔者将阐述数据管理的各个方面，包括数据采集、存储、分析和安全。用户界面的设计和实现和系统的维护与升级，也是本节的重点内容。这些组成部分共同构筑了智能供热系统的框架，对提高能效、优化操作，并增强用户体验有重要的推动作用。通过这些技术的融合，智能供热系统可以变得更加高效、可靠和用户友好。

5.1.1　智能化组件

在探讨智能供热系统的核心时，智能化组件的作用不可忽视。这些组件是实现高效、可靠和用户友好供热系统的基石。它们包括传感器技术、自动化控制、人工智能算法和系统集成。每个组件都扮演着独特的角色，共同推动着智能供热系统向前发展。

1. 传感器技术

传感器技术是智能供热系统的感知神经。传感器负责收集关于供热系统各个部分的实时数据，包括温度、压力、流量和能耗等。高精度的传感器能够提供精确的数据，这对系统的有效运行至关重要。例如，温度传感器可以监测供热管道的温度，确保热能被有效传输而不会造成能源浪费。同时，流量传感器可以帮助监控水流，确保系统在最佳效率下运行。这些传感器不仅提高了系统的响应速度，还增强了能源管理的精确度，从而降低运营成本并提高能效。

2. 自动化控制

自动化控制是智能供热系统的执行部分。它利用从传感器收集的数据，自动调整供热系统的运行参数，以达到最佳的供热效果。自动化控制系统可以基于实时数据和预设的条件，自动调节供热量、水流速度和温度。这种自动化不仅减少了人为干预的需要，还提高了系统的可靠性和效率。例如，当外部温度下降时，控制系统可以自动增加供热量，以保持室内温度的稳定。这种智能调节不仅提高了用户的舒适度，还有助于节约能源和降低成本。

3. 人工智能算法

人工智能算法是智能供热系统的大脑。这些算法能够分析大量数据，识别模式，做出预测，并自动调整系统以优化性能。例如，通过分析历史数据和天气预报，AI 算法可以预测未来的供热需求，并相应地调整系统设置。这种预测性维护不仅提高了系统的效率，还有助于预防故障的发生，延长设备寿命。AI 算法还可以用于能源管理，通过优化能源使用减少浪费，实现更加绿色和可持续的供热效果。

4. 系统集成

系统集成是智能供热系统的整合中心。它确保所有组件和技术能够无缝协作，形成一个统一高效的供热系统。系统集成涉及将传感器、控制系统、AI 算法和其他技术的融合，可以使系统实现最佳的运行效果。这不仅包括硬件的集成，还包括软件和数据平台的整合。有效的系统集成，可以确保数据的流畅传输和处理，实现更加智能和自动化的供热管理。例如，集成的系统可以实现从能源采购到供热控制全过程的自动化，提高能源利用率，同时降低运维成本。

5.1.2 数据管理

在智能供热系统中，数据管理扮演着重要的角色。它不仅涉及数据的收集、存储、分析，还包括保障数据安全性方面。这些环节共同构成了一个完整的数据生态系统，确保供热系统能够高效、安全地运行。

1. 数据采集

数据采集是智能供热系统的基础。它涉及使用各种传感器和监测设备来收集关于系统性能、环境条件和用户行为的数据。这些数据的类型可以有很多种，包括温度、湿度、流量、压力和能耗等。高质量的数据采集对确保系统运行的高效性和可靠性十分重要。例如，通过实时监测供热管道的温度和压力，人们可以及时发现和解决潜在的问题，如泄漏或堵塞。此外，数据采集还为系统优化提供了基础，通过分析收集到的数据，人们可以发现节能和改进的机会。

2. 数据存储

数据存储是管理供热系统中收集大量数据时的关键环节。它不仅涉及数据的物理存储，还包括数据的组织和管理。有效的数据存储解决方案应该能够让系统处理大量的数据，同时保证数据的可访问性和完整性。例如，云存储技术可以提供灵活的存储空间，便于扩展和远程访问。此外，合理的数据组织和索引可以提高数据检索的效率，使数据分析和报告的生成更加快速和准确。

3.数据分析

数据分析是提升智能供热系统的效率和进行智能决策所需的关键环节。通过使用先进的分析工具和算法，人们可以从收集的数据中提取有价值的洞察和知识。这些分析可以帮助系统识别趋势、预测需求、优化资源分配和提高能效。例如，通过分析历史数据，系统可以预测不同天气条件下的供热需求，从而优化供热计划。此外，数据分析还可以被用于故障预测和预防性维护，系统可以通过识别异常模式来预测和防止潜在设备故障的发生。

4.数据安全

在智能供热系统中，数据安全是不可忽视的重要方面。随着越来越多的数据被收集和分析，保护这些数据免受未授权访问和攻击的侵扰变得至关重要。这包括实施强有力的安全措施等，如加密、访问控制和定期的安全审计。例如，使用加密技术可以保护数据在传输和存储过程中的安全，而访问控制可以确保只有授权用户才能访问敏感数据。定期的安全审计可以帮助识别和修复潜在的安全漏洞，确保系统的长期安全性。

5.1.3　用户界面

在智能供热系统中，用户界面的设计和功能是连接用户与系统的关键桥梁。它不仅影响用户的操作体验，还直接关系到系统的效率和用户满意度。下面是对用户界面各个方面的深入探讨。

1.交互设计

交互设计是用户界面的核心，它关注如何使用户与系统的交互尽可能地直观和高效。在智能供热系统中，这意味着创建一个易于理解和操作的界面，使用户能够轻松地访问所需的信息和使用相关功能。例如，设计一个仪表板可以直观地显示关键的系统信息，如当前温度、能耗和系统状态。同时，交互设计还应考虑到不同用户的需求和偏好，提供可定制的界面选项，如不同的主题和布局。此外，交互设计还应包括清晰的指示和反馈机制，确保用户在操作过程中能够得到及时的指导和确认。

2. 用户体验

用户体验是用户与系统交互时的整体感受，包括易用性、效率和满意度等方面。在智能供热系统中，好的用户体验是确保用户愿意并能够有效使用系统的关键。这包括提供快速、流畅的界面响应，减少操作所需的步骤，以及确保系统的稳定性和可靠性等方面。例如，优化加载时间和简化导航，可以提高用户的操作效率。同时，可增强用户体验的设计还应考虑到不同用户群体的特点，如老年用户可能需要更大的字体和更简单的操作步骤。收集用户反馈并定期更新界面，可以持续提升用户体验。

3. 远程控制

远程控制允许用户通过互联网远程操作和监控供热系统。这意味着用户无需亲临现场，即可随时随地对系统进行管理和调整。例如，用户可以在离开家之前使用手机应用程序或网页界面，远程调整温度设置，以确保在回家时房间已经温暖舒适。这种便捷性不仅提高了用户的生活质量，还有助于降低能源浪费，实现能源的高效利用。通过实现系统与智能传感器和自动化设备的集成，用户可以远程监控系统的各种参数，如温度、湿度、能源消耗等。系统可以根据这些实时数据自动调整运行策略，以满足用户的需求并实现节约能源的目标。例如，在用户不在家时，系统可以降低供热水平，以减少能源消耗。一旦用户计划回家，他们就可以通过远程控制提升室内温度，以确保环境的舒适。界面应该简洁明了，易于操作，特别是移动设备界面。用户应该能够轻松地调整设置、查看系统状态和接收通知。通过图形化的界面设计和直观的操作流程，系统可以让用户轻松理解和使用远程控制功能。为了增强用户体验和系统的安全性，远程控制还可以提供实时通知和警报功能。例如，如果系统出现故障或异常，用户就可以立即收到通知，以便及时采取措施。这有助于提高系统的可靠性和稳定性，减少潜在问题的发生。

4. 定制服务

定制服务是提升用户满意度和增强系统功能的重要环节，具体指根据用户的具体需求和偏好提供个性化的服务和设置。例如，系统可以根据用户的日常习惯和偏好自动调整温度设置，或提供节能建议。定制服务还可以包括提供个性化的报告和分析的服务，以帮助用户更好地理解和管理能源消耗模式。为了提高定制服务的效果，系统需要收集和分析用户的行为数据，并确保对用户隐私的尊重和保护。同时，提供易于访问和操作的定制选项，也可以提升用户的参与感和满意度。

5.1.4　维护与升级

在智能供热系统的运行过程中，维护与升级是保证系统能长期稳定运行和适应未来技术发展的关键。下面是对维护与升级所涉及的各个方面的探讨。

1. 系统监测

系统监测是智能供热系统维护的基础，它涉及对系统各个组成部分的实时监控，目的是确保其正常运行。有效的系统监测不仅能够及时发现问题，还能够预防潜在故障的发生。例如，通过安装各种传感器，人们可以实时监测系统的温度、压力、流量等关键参数。这些数据可以被用来分析系统的运行状态，及时发现异常情况。系统监测还包括对能源消耗的跟踪，这有助于识别节能的机会。为了提高监测的效率和准确性，人们可以应用先进的数据分析技术，如机器学习算法，以自动识别潜在的问题和趋势。

2. 故障诊断

故障诊断是维护过程中的关键环节，它涉及对系统出现的问题进行准确和及时的识别等内容。在智能供热系统中，人们可以通过分析监测数据来实现故障诊断。通过比较实时数据与历史数据，系统可以识别出不正常的模式和趋势，从而指示出可能的故障。人们还可以通过模拟和预测模型来辅助实现故障诊断，这些模型可以在参考系统的设计参数和运行历史的基础上预测其未来的表现。有效的故障诊断不仅可以减少系统的停机时间，还可以避免更严重的问题的发生。

3. 远程维护

远程维护是智能供热系统维护策略的一个重要组成部分，它使技术人员可以在不现场的情况下对系统进行检查和维护。这种方法可以显著提高维护的效率和响应速度。例如，通过远程连接，技术人员可以访问系统的监测数据，进行故障诊断，并指导现场人员进行必要的维修操作。远程维护还包括对系统软件的更新和升级，这可以通过互联网远程完成，确保系统运行的是最新的软件版本。远程维护的有效实施需要可靠的通信网络和高级的安全措施，以保护系统免受未授权访问和网络攻击的侵扰。

4. 持续改进

持续改进是确保智能供热系统长期有效运行的关键。它涉及基于监测数据和运行经验对系统进行定期评估和优化。例如，通过分析能源消耗和运行效率，人们可以找到改进的途径，如优化控制策略或升级设备。持续改进还包括对新技术和方法的评估，以确定其是否可以被应用于系统中。例如，新的传感器技术或数据分析算法可能会为系统带来更高的效率或更好的性能。持续改进的实施需要跨学科的团队合作，包括工程师、数据科学家和运营人员等多方团队，以确保从不同角度对系统进行全面评估。

5.2 数据采集与分析的创新技术

在智能供热系统的发展中，数据采集与分析的创新技术扮演着重要的角色。这一领域的进步不仅提高了数据处理的效率和准确性，还为系统优化和决策支持提供了有力的依据。从高精度的数据采集到实时的数据分析，再到大数据技术的应用和决策支持系统的构建，每一步都是智能供热系统向更高效、更可靠、更智能化发展的关键。本节将深入探讨这些创新技术，分析它们如何共同作用于智能供热系统整体性能的提升。

5.2.1　高精度采集

在智能供热系统中，高精度采集是确保数据可靠性和系统效率的基石。这一过程涉及多个关键方面，包括传感器精度、数据采样、信号处理和校准方法。每个方面都对最终数据的质量和可用性有重要影响，进而影响整个供热系统的运行效率和可靠性。

1. 传感器精度

传感器在智能供热系统中被用于监测和测量各种关键参数，如温度、压力、流量等。这些数据对系统的运行和控制十分重要，因此传感器的准确性是确保系统高效运行的前提。高精度的传感器能够提供更准确的数据，这有助于系统实时了解各种参数的状态。例如，温度传感器精确的温度测量可以确保供热系统能够在用户需要时进行恰到好处的供热。如果传感器的精度不高，就可能导致温度波动较大，影响用户的舒适度，或者造成能源浪费，因为系统可能会过度供热或供热不足。传感器的精度还对系统的控制性能有重要影响。在智能供热系统中，高精度的传感器可以帮助控制系统更加精确地调整运行策略。这意味着系统可以更好地响应用户的需求，减少不必要的能源消耗，并提高整体的能源利用效率。精确的数据还有助于系统实施智能控制策略，如进行预测性维护和自适应控制，进一步提高了系统的性能。传感器的稳定性和可靠性也是非常重要的考虑因素。高精度的传感器通常具有更好的长期稳定性，不容易受环境变化的干扰，这有助于保证系统的持续运行和数据的可靠性。选择适合的传感器并确保其在适宜的环境下的有效运行是很重要的。不同的应用场景可能需要不同类型和规格的传感器。例如，室内和室外的温度传感器可能需要具有不同特性以适应不同的环境条件。此外，定期的维护和校准也是提高传感器精度的关键。

2. 数据采样

数据采样是决定数据代表性强弱和处理效率的关键。采样频率和采样方法的选择需要根据实际需求和系统特性来确定。过高的采样频率可能导致数据冗余和处理负担的加重，而过低的采样频率则可能使其错过关键信息。在智能供热系统中，设置合理的数据采样策略可以确保关键的数据被有效捕捉，同时减少无效或冗余数据的产生。

3.信号处理

信号处理是从原始数据中提取有用信息的过程。在智能供热系统中，原始数据往往伴随着噪声或干扰，信号处理技术可以帮助过滤这些干扰，提高数据的准确性和可靠性。常用的信号处理方法包括滤波、去噪、信号增强等。通过应用有效的信号处理方法，人们可以确保数据的准确性和可靠性。

4.校准方法

校准是确保数据精度的重要环节。随着时间的推移，传感器和采集设备可能会一动或老化，定期的校准可以确保数据的持续准确性。在智能供热系统中，校准不仅包括对传感器的校准，还包括对整个数据采集链的校准。通过校准，人们可以确保数据采集系统的长期稳定运行，为实现供热系统的智能控制提供坚实的数据基础。

5.2.2 实时分析

实时分析在智能供热系统中扮演着核心角色，它不仅提高了系统的响应速度，还增强了决策的准确性。这一过程涵盖了流数据处理、事件检测、模式识别和预测分析等关键技术，每项技术都对提升系统性能和用户体验有重要意义。

1.流数据处理

流数据处理是进行实时分析的基础，指对连续生成的数据进行即时处理和分析。在智能供热系统中，各种传感器不断产生数据，如温度、压力和流量等。流数据处理技术能够让系统实时处理这些数据，快速反映系统的当前状态。例如，通过实时监控温度数据，系统可以即时调整供热强度，确保用户舒适度。此外，流数据处理还能实时报警和进行异常检测，为系统安全提供保障。

2. 事件检测

事件检测是实时分析中的关键环节，它涉及识别和响应系统中发生的特定事件。在智能供热系统中，事件检测可以用于识别潜在的故障或性能下降情况。例如，系统可以通过分析温度变化趋势来检测供热管道的潜在泄漏。及时检测到并响应这些事件，能够让系统减少故障发生带来的影响，提高运行效率和可靠性。

3. 模式识别

模式识别在实时分析中用于识别数据中的特定模式或趋势。这一技术可以帮助智能供热系统更好地理解和预测用户行为和系统性能。例如，通过分析历史供热数据，系统可以识别出用户的供热需求模式，从而提前调整供热策略，以满足用户需求。模式识别还可以用于能效分析，帮助系统发现节能的潜在机会。

4. 预测分析

预测分析是实时分析的高级应用，指使用历史数据来预测未来的趋势和事件。在智能供热系统中，预测分析可以用于预测供热需求、能源消耗状况和系统故障。例如，系统可以根据天气预报和历史数据来预测未来的供热需求，从而提前调整供热计划。通过预测分析，系统不仅能够提高能效，还能提前预防潜在问题的发生，从而减少维护成本并提高用户满意度。

5.2.3 大数据技术

在发展智能供热系统的背景下，大数据技术正在变得日益重要。这类技术不仅提高了数据处理的效率和精度，还为系统优化和决策提供了强大的支持。大数据技术在智能供热系统中的四个关键应用领域为数据仓库、数据挖掘、机器学习和可视化技术。接下来笔者将对其进行详细阐述。

1. 数据仓库

数据仓库在智能供热系统中负责进行数据的集中管理和分析。它是一个集中存储和管理大量数据的系统，建立的目的是支持复杂的数据查询和分析。在智能供热系统中，数据仓库可以存储来自各源的数据，如传感器数据、用户行为数据、环境数据等。这些数据经过整合和优化，可以被用于历史趋势分析、性能评估和故障预测。例如，通过分析存储在数据仓库中的历史温度和能耗数据，系统可以识别出节能的潜在机会，或预测未来的能源需求。数据仓库的建立还有助于提高数据的可访问性和一致性，为决策者提供了一个可靠的数据基础。

2. 数据挖掘

数据挖掘是从大量数据中发现有价值信息的过程。在智能供热系统中，数据挖掘技术可以用于识别数据中的模式、关联和趋势。这些信息对人们理解系统的运行状态和用户行为至关重要。例如，数据挖掘可以揭示特定天气条件下的系统能耗模式，或识别可能导致系统效率下降的因素。通过数据挖掘，系统运营商可以优化供热策略，提高能效，降低运营成本。数据挖掘还可以用于进行故障预测和预防维护，通过分析历史故障数据，系统可以预测并防止未来故障的发生。

3. 机器学习

机器学习是大数据技术中的一个重要分支，指使用算法来分析数据并从中学习。在智能供热系统中，机器学习可以用于模式识别、预测分析和系统优化。例如，机器学习算法可以根据历史数据预测未来的供热需求，并自动调整供热策略以满足这些需求。此外，机器学习还可以用于故障检测和诊断，通过分析传感器数据，算法可以识别出系统的异常状态，并及时发出警报。机器学习的应用不仅提高了系统的智能化水平，还提高了系统的运行效率和可靠性。

4. 可视化技术

可视化技术在大数据的应用中起着十分重要的作用，它将复杂的数据转换为直观的图表和图形，帮助用户理解数据。在智能供热系统中，可视化技术可以被用于展示系统性能、能耗趋势和制作故障报告。例如，通过查看可视化仪表板，运营商可以快速了解系统的当前状态和历史性能。可视化技术还可以用于用户界面设计，提供用户友好的操作和监控界面。通过有效的数据可视化，系统运营商和用户可以更容易地理解和分析数据，从而做出更好的决策。

5.2.4　决策支持

在智能供热系统的管理和运营中，决策支持系统至关重要。它通过提供深入的分析报告、优化建议、风险评估和政策制定支持，帮助管理者做出更明智、更有效的决策。下面是决策支持在智能供热系统中的四个关键应用领域。

1. 分析报告

分析报告是决策支持系统的基础功能，可以为人们提供系统性能和运行状况的全面信息。这些报告通常包括能耗分析、成本效益分析、系统效率评估等内容。例如，通过对历史能耗数据的分析，报告可以揭示能源使用的模式和趋势，帮助人们识别节能的潜在机会。分析报告还可以包括故障诊断和系统健康状态等内容，为系统的维护和升级提供依据。高质量的分析报告不仅为人们提供了数据的深入解读服务，还为决策者提供了实时、准确的信息，以支持决策。

2. 优化建议

优化建议是决策支持系统的核心功能之一，指基于分析报告和预测模型，为系统运营提供改进方案。这些建议可能包括调整供热策略、优化能源组合、改进设备运行参数等。例如，基于天气预测和用户行为模式，系统可以提出更有效的供热计划，以减少能源浪费并提高用户满意度。优化建议还可以包括长期的战略规划内容，如投资新技术或升级现有设施。通过实施这些优化建议，智能供热系统可以实现多个目标，包括更高的能效、更低的运营成本以及更好的环境绩效。

3. 风险评估

风险评估是决策支持系统中的一个关键组成部分，它帮助人们识别和评估潜在的风险，如设备故障、能源价格波动、环境影响等。通过对这些风险因素的系统分析，决策支持系统可以预测它们可能的影响，并提出缓解措施。例如，系统可以评估极端天气条件下的供热可靠性，或分析能源市场变化对成本的影响。风险评估不仅有助于预防潜在问题，还可以提高系统的适应性和韧性，确保其在各种情况下都能稳定运行。

4. 政策制定

协助政策制定是决策支持系统的高级功能，它涉及制定和评估与供热系统相关的政策和规章。这些政策可能包括能效标准、排放限制、价格政策等。决策支持系统可以提供政策影响的模拟和预测服务，帮助决策者理解不同政策选择的潜在影响。例如，系统可以评估提高能效标准对能耗和成本的影响，或分析不同定价策略对用户行为的影响。通过这种方式，决策支持系统可以为政策制定提供了科学的依据，确保政策既有效又可行。

5.3 优化控制的新策略

在智能供热系统的发展中，优化控制策略的重要性日益凸显。本节将深入探讨如何通过先进的控制算法、系统优化、性能监测和智能调节等方法，显著提升供热系统的效率和可靠性。这些新策略不仅提高了系统的自适应能力和响应速度，还为能源管理和成本控制提供了创新的解决方案，标志着供热技术向智能化和自动化程度更高的方向转型。

5.3.1 控制算法

在智能供热系统中，应用控制算法是实现高效能源管理和优化运行的关键。这部分内容将探讨四种主要的控制算法：PID 调节、自适应控制、模糊逻辑和优化算法。每种算法都有其独特的特点和应用场景，它们共同构成了智能供热系统控制策略的核心。

1. PID 调节

PID（比例－积分－微分）调节是控制系统中最常用的一种算法。它通过调整比例（Proportion）、积分（Integral）和微分（Derivative）三个参数来控制系统的输出，以达到预期的控制效果。在供热系统中，PID 调节可以用来维持温度、压力等参数维持在设定值附近。例如，PID 调节可以让系统通过调整热水流量来保持恒定的供热温度。PID 调节的优点在于其结构简单、稳定性好，易于实现和调整。但它也有局限性，特别是在系统动态变化较大时，PID 调节可能无法快速适应新的工作条件。

2. 自适应控制

自适应控制是一种能够根据系统行为的变化自动调整控制参数的算法。它适用于那些参数随时间变化或不确定性较大的系统。在供热系统中，自适应控制可以用来应对外部环境变化（如天气变化）或内部条件变化（如设备老化）。自适应控制通过持续学习和调整，能够使系统保持在最佳工作状态。这种控制方法提高了系统的灵活性和鲁棒性，但同时增加了控制系统的复杂性。

3. 模糊逻辑

模糊逻辑控制是基于模糊逻辑理论原理的一种控制方法，它通过模拟人类的决策过程处理不确定性和模糊性问题。在供热系统中，模糊逻辑可以用来处理那些难以用传统方法精确描述的控制问题，如温度的舒适度控制。模糊逻辑控制器能够处理模糊和不精确的输入，提供更加人性化和灵活的控制策略。然而，模糊逻辑控制的设计和调整通常比较复杂，需要有关人员具备专业知识和经验。

4. 优化算法

优化算法在智能供热系统中用于寻找最优的控制策略，以实现系统效率和性能的最大化。这些算法包括遗传算法、粒子群优化等，它们通过模拟自然界的进化过程或群体行为来搜索最优解。在供热系统中，优化算法可以用来确定最佳的能源分配、设备调度方案等。优化算法能够处理复杂的系统和多目标优化问题，但其计算量通常较大，需要系统具备较强的计算能力。

5.3.2　系统优化

优化智能供热系统的核心目标是提高能源效率和降低运行成本，同时确保系统的可靠性和持续性。下面将探讨四个关键概念：能源流优化、负荷管理、效率提升和成本降低，这些概念共同构成了系统优化的基础。

1. 能源流优化

能源流优化关注的是如何最有效地分配和使用各种能源资源。智能供热系统涉及对多种能源（如天然气、电力、可再生能源）的综合利用和管理。通过精确控制能源流向，系统可以在不同时间和不同条件下，根据能源价格、可用性和环境影响，自动选择最合适的能源组合。例如，系统可以在夜间低电价时段使用电能加热，而在日间高峰时段转换为使用天然气。此外，能源流优化还包括热能的回收和再利用，如利用余热进行水加热，可以进一步提高能源利用效率。

2. 负荷管理

负荷管理指通过调整和控制供热系统的负荷分配来优化性能。这包括预测和响应不同用户的热能需求，以及调整供热设备的运行模式以适应这些需求。通过实时监测和分析用户的使用模式，系统可以预测热能需求的变化，从而提前调整供热模式，确保供热效率和用户舒适度的平衡。此外，负荷管理还涉及负荷平衡，即在不同用户之间合理分配能源，以避免过载或资源浪费。

3. 效率提升

效率提升是系统优化的核心目标之一，不仅包括提高供热设备本身的效率，如使用高效的锅炉和热交换器，还包括整个系统的优化设计，如改进管道布局和减少热损失。通过采用先进的控制算法和智能化技术，如人工智能和机器学习，系统可以实时调整运行参数，以达到最佳的能源利用效率。此外，效率提升还涉及维护和升级，定期检查和维护设备可以防止效率下降，而系统升级可以为系统引入更先进的技术和设备。

4.成本降低

成本降低是实现供热系统可持续运行的关键因素。这不仅包括直接的能源成本节约，如选择成本效益高的能源和优化能源使用，还包括运行和维护成本的降低。通过智能化管理和自动化控制，系统可以减少人工干预和运行错误，从而降低运行成本。同时，通过长期的数据分析和性能监测，系统可以识别和解决潜在的问题，节省紧急维修和设备更换方面的开支，从而降低维护成本。此外，投资节能和环保技术也是降低长期成本的有效途径。

5.3.3　性能监测

在智能供热系统的管理中，性能监测是确保系统长期稳定运行的关键环节。它不仅涉及系统健康的持续监控，还包括性能评估、故障预测和维护计划的制定等内容。这些共同构成了一个全面的性能监测体系，旨在提高系统的可靠性和效率，同时降低维护成本。

1.系统健康监测

系统健康监测是性能监测的基础，它涉及对供热系统各个组件的实时监控，以确保它们的正常运行。这包括对锅炉、管道、热交换器等关键设备的温度、压力、流量等参数的持续跟踪。通过部署高精度的传感器和先进的监测技术，系统可以实时收集和分析数据，及时发现任何异常迹象。例如，如果某个部件的温度突然升高，系统就可以立即发出警报，并启动相应的应急措施。这种实时监测不仅可以防止故障的发生，还可以延长设备的使用寿命。

2.性能评估

性能评估是对供热系统整体效率和效果的评价。这涉及对系统运行数据的深入分析，包括能源消耗、热效率、用户满意度等多个方面。通过对这些数据进行分析，人们可以评估系统的整体表现，并与预设的性能目标进行比较。如果发现性能低于预期，可以进一步分析原因，并采取相应的改进措施。性能评估还包括对系统的长期趋势进行分析等内容，如能源消耗的季节性变化，从而为未来的规划和升级提供依据。

3. 故障预测

故障预测是通过分析历史数据和实时数据来预测未来可能发生的故障。这通常涉及复杂的数据分析和机器学习算法。通过对过去的故障数据和运行参数的分析，系统可以识别出故障发生的模式和先兆。例如，如果某个设备在过去出现故障前总会发生特定的温度变化，系统就可以利用这一信息来预测未来的故障。这种预测不仅可以提前发现问题，还可以避免突发故障对系统运行的影响，从而提高系统的可靠性和用户满意度。

4. 维护计划

维护计划是综合系统健康监测、性能评估和故障预测等方面的信息后制订的。它涉及对维护活动的计划和安排，可以确保系统的长期稳定运行。这包括进行定期的检查和清洁，以及必要时的部件更换和升级。通过制定详细的维护计划，人们可以确保所有的维护活动都能有计划、有序地进行，从而避免因忽视维护而导致突发故障的发生。此外，维护计划还可以根据系统的实际运行情况进行调整，如在使用高峰期前进行额外的检查和维护，以确保系统在关键时刻的稳定运行。

5.3.4　智能调节

智能调节在现代供热系统中扮演着重要的角色，它不仅提高了能源效率，还增强了系统的适应性和响应能力。通过集成先进的技术，如需求响应、能源平衡、负荷预测和自动调整，智能调节能够确保供热系统在各种运行条件下都能保持最佳性能。下面是对这些重要方面的详细探讨。

1. 需求响应

需求响应是智能供热系统的核心组成部分，指系统根据用户需求和外部条件的变化自动调整运行状态。这种响应能力使系统能够在不牺牲用户舒适度的前提下优化能源使用。例如，在用户需求较低的时段，系统可以降低运行强度，从而节约能源。反之，在需求高峰时，系统则能增加输出，确保供热需求得到满足。需求响应不仅提高了能源效率，还有助于降低运营成本和减少环境影响。

2. 能源平衡

能源平衡指在供热系统中实现能源输入和输出之间的最优匹配。这涉及对多种能源（如太阳能、地热能、传统燃料）的有效管理和利用。通过智能调节，系统可以根据可用能源的成本和环境影响选择最合适的能源组合。例如，当太阳能充足时，系统可以优先使用太阳能，而在太阳能不足时，系统可以转用其他能源。这种灵活的能源管理方式不仅提高了能效，还有助于减少对传统能源的依赖。

3. 负荷预测

负荷预测通过分析历史数据和当前趋势来预测未来的能源需求。这对于确保供热系统高效运行十分重要。通过使用先进的数据分析和机器学习技术，系统可以准确预测不同时间段的能源需求情况。这样，系统就可以提前调整运行策略，以应对预期的需求变化。例如，如果预测到未来几小时内需求将增加，系统可以提前增加输出，从而确保在需求高峰时能够满足用户的需求。

4. 自动调整

自动调整是智能供热系统的关键功能，它允许系统根据实时数据自动调整运行参数。这包括温度设置、流量控制和压力调节等。通过实时监测系统性能和外部条件，如气温和用户行为，系统可以自动进行微调，以保持最佳运行状态。这种自动调整不仅提高了能源效率，还增强了系统的适应性和用户舒适度。例如，如果外部气温下降，系统就可以自动增加供热强度，以保持室内温度的稳定。

5.4　云计算与物联网在供热中的应用

在现代供热系统中，云计算和物联网的应用正在成为推动行业进步的关键力量。这一节将从基础架构到实际应用，探讨云计算和物联网将如何革新供热领域。云计算为人们提供了强大的数据处理和存储能力，而物联网则通过其广泛的传感器网络实现了对供热系统的实时监控和控制。这两种技术的结合不仅提高了供热系统的效率和可靠性，还为用户带来了更加智能化和个性化的服务体验。通过深入分析云计算和物联网，笔者将展示它们是如何共同推动供热系统向更高水平的智能化和自动化发展的。

5.4.1 云计算基础

云计算在现代供热系统中扮演着至关重要的角色，为人们提供了一种高效、灵活且安全的方式来处理和存储大量数据。本节将深入探讨云计算的基础构成，包括云服务模型、资源虚拟化、弹性伸缩和云安全等，每个部分都是构建高效供热系统的关键要素。

1. 云服务模型

云服务模型是云计算的核心，它定义了云服务的提供方式。主要包括基础设施即服务（Infrastructure as a Service, IaaS）、平台即服务（Platform as a Service, PaaS）和软件即服务（Software as a Sercice, SaaS）。在供热系统中，IaaS 提供基础的计算资源，如服务器和存储空间；PaaS 提供运行和开发应用程序的平台；而 SaaS 则提供直接可用的软件应用。这些服务模型从数据处理到用户界面的设计，共同支持供热系统的各个方面，使供热服务更加高效和用户友好。

2. 资源虚拟化

资源虚拟化是云计算的另一个关键组成部分，它允许物理资源（如服务器、存储和网络）被抽象化和共享。这种虚拟化技术使资源的分配变得更加灵活和高效，让系统可以根据需求动态调整资源的分配。在供热系统中，这意味着可以根据实时数据和预测模型来优化资源使用，从而提高能效和降低成本。

3. 弹性伸缩

弹性伸缩是云计算的一个重要特性，它允许系统根据实际需求自动增加或减少资源。在供热系统中，这意味着系统可以根据实际的供热需求和其他环境因素自动调整计算资源和存储容量。这种弹性不仅提高了系统的效率，还确保了在需求高峰期间系统仍具稳定性和可靠性。

4. 云安全

随着越来越多的数据被存储和处理在云中，云安全成了一个至关重要的议题。在供热系统中，保护用户数据和系统操作的安全是首要任务，包括数据加密、访问控制、网络安全和持续的安全监控等具体措施。通过实施这些安全措施，云计算不仅能为系统提供高效的数据处理服务，还能确保数据的安全性和系统的可靠性。

5.4.2　物联网架构

物联网技术在现代供热系统中的应用正变得日益重要。它不仅提高了系统的智能化水平，还提升了能效管理效果和用户体验。本节将探讨物联网架构的四个关键组成部分：传感网络、数据通信、智能网关和设备管理。每个部分都对构建高效、可靠的供热系统十分重要。

1. 传感网络

传感网络是架构物联网的基石，它由大量传感器组成，这些传感器负责收集供热系统中的各种数据。这些数据包括温度、压力、流量等关键参数，它们对监控和优化供热系统的性能十分重要。传感器的精度和可靠性直接影响着数据质量，进而影响整个系统的效率和稳定性。为了确保数据的准确性和即时性，传感器需要具备高精度、低能耗和强环境适应性等特点。此外，传感网络的设计还需要考虑到传感器的布局和网络的可扩展性，以适应不断变化的系统需求。

2. 数据通信

数据通信是架构物联网的另一个关键环节，它负责将传感器收集的数据传输到云平台或中央控制系统中去。这要求通信技术不仅要高效，还要稳定可靠。在供热系统中，数据通信技术需要能够处理大量的数据流，并能够在各种环境条件下稳定工作。此外，为了保证数据传输的安全性，通信技术还需要加密和认证机制的保障。随着 5G 和其他先进通信技术的发展，数据通信的速度和可靠性有了显著提升，为供热系统的智能化提供了强有力的支持。

3. 智能网关

智能网关在物联网架构中扮演着进行预处理数据协调和处理的角色。它不仅负责连接不同的传感器和设备，还负责对收集到的数据进行预处理。这包括数据的过滤、聚合和初步分析，目的是减轻中央处理系统的负担。智能网关还可以实现本地决策，如基于实时数据调整供热参数，进而提高系统的响应速度和可靠性等。此外，智能网关还需要具备高度的安全性，以保护系统免受到外部攻击。

4. 设备管理

设备管理是物联网架构中确保系统长期稳定运行的关键。它涉及设备的配置、监控、维护和升级。在供热系统中，设备管理需要人们能够实时监控设备的状态，及时发现和诊断故障。它不仅提高了系统的可靠性，还降低了维护成本。随着人工智能和机器学习技术的发展，设备管理变得更加智能化，一些系统能够预测设备故障并自动安排维护工作，这进一步提高了系统的效率和稳定性。

5.4.3 云物联协同

在现代供热系统中，云计算和物联网的融合正日益成为提高效率和智能化水平的关键。这种融合不仅优化了数据处理和管理，还为用户提供了更加智能和个性化的服务。下面是对云物联协同的四个核心方面的探讨。

1. 边缘计算

边缘计算作为云物联协同的一个重要组成部分，将数据处理从云端转移到网络的边缘，即接近数据源的地方。在供热系统中，边缘计算可以实现更快的数据处理速度和更低的延迟，这对进行实时监控和控制尤为重要。例如，通过在边缘节点处理传感器数据，系统可以即时调整供热参数，以响应实时的需求变化。此外，边缘计算还可以减轻云端服务器的负担，提高整体系统的效率。为了实现有效的边缘计算，系统需要具备强大的本地计算能力和高效的数据处理算法。

2. 数据融合

数据融合是云物联协同的另一个关键方面，它涉及来自不同源的数据，可以提供更全面的视角。在供热系统中，数据融合可以帮助人们更准确地分析和预测系统的性能。例如，结合来自传感器的实时数据和历史数据，可以让系统更准确地预测供热需求和潜在的系统故障。数据融合还可以帮助系统识别节能的机会，通过优化供热参数来减少能源消耗。有效地实现数据融合，需要配套应用先进的数据处理技术和算法。

3. 协同控制

协同控制是云物联协同的核心，指的是通过云平台和物联网设备之间的紧密合作优化控制策略的一种技术。在供热系统中，协同控制可以确保系统各部分协调工作，以提高整体的效率和可靠性。例如，通过云平台分析大量数据后，人们可以制定更精确的控制策略，并通过物联网设备实施这些策略。协同控制还可以实现跨系统的优化，如将供热系统与其他建筑管理系统集成，以进一步提高能效。

4. 服务创新

云物联协同还为服务创新提供了广阔的空间。在供热系统中，这意味着可以提供更加个性化和智能化的服务。例如，基于用户行为和偏好的数据分析，可以让系统提供定制化的供热解决方案。此外，通过云平台的使用，用户可以远程监控和控制供热系统，这大大提高了系统的便利性和用户体验。服务创新还包括使用机器学习和人工智能技术来不断优化服务和提高系统的智能化水平。

5.4.4 应用案例

在探讨云计算与物联网在供热系统中的应用时，人们不仅看到了技术的进步，还见证了这些技术如何深刻地影响着人们的生活和工作方式。下面是四个具体应用案例的详细分析。

1. 智慧城市

智慧城市的提出旨在通过技术创新提高城市管理的效率和居民的生活质量。云计算和物联网在此方面发挥着关键作用。在供热系统的背景下，智慧城市利用这些技术来优化能源分配，减少浪费，并提高能源使用的效率。例如，通过安装智能传感器和使用云数据分析，城市管理者可以实时监控能源消耗，预测需求峰值，并据此调整供热系统的运行。这不仅减少了能源消耗，还提高了居民的舒适度。此外，智慧城市还可以通过物联网设备实现供热系统的远程监控和故障预测，从而提高维护效率并减少停机时间。

2. 智能家居

智能家居系统通过集成云计算和物联网技术，为居民提供了前所未有的便利和舒适度。在供热方面，智能家居系统可以根据居民的日常习惯和偏好自动调整温度。例如，智能温控器可以学习居民的行为模式，并据此优化供热时间和温度设置，以节省能源并提高舒适度。此外，居民可以通过智能手机应用远程控制供热系统，无论身在何处都能调整家中的温度。智能家居系统还可以与其他家庭自动化系统（如照明和安全系统）集成，进一步提升居住体验。

3. 工厂供热自动化

在工业领域，云计算和物联网技术的结合为自动化提供了强大的支持。在供热系统中，这意味着可以实现更高的效率和更低的运营成本。通过使用智能传感器和自动化控制系统，工厂可以实时监控供热系统的性能，并自动调整优化能源消耗。例如，通过分析来自传感器的数据，系统可以识别能效低下的区域并自动进行调整。此外，云平台可以提供大规模数据分析和存储服务，帮助工厂管理者更好地理解能源使用模式，并据此制定节能策略。

4. 能源管理

能源管理是云计算和物联网技术的另一个重要应用领域。在供热系统中，这些技术可以帮助人们更有效地管理能源消耗，并减少环境影响。例如，通过集成的数据分析和实时监控，能源管理系统可以优化供热操作，减少不必要的能源浪费。此外，通过预测分析和趋势识别，系统可以提前识别潜在的问题并采取预防措施，从而减少故障的发生和停机时间。能源管理系统还可以帮助供热系统识别可再生能源的使用机会，如太阳能和风能，进一步推动可持续发展。

第6章　经济、环境与成本效益分析

第 6 章深入探讨了多能源供热系统在经济、环境和成本效益方面的影响。本章将从投资回报、市场潜力、融资方式、经济风险管理等多个角度分析多能源供热的经济优势，同时，将评估其对环境的积极影响，包括减排目标的实现、绿色标准的应用，以及环境教育和社会影响。本章还将探讨成本效益分析的创新方法和经济模型的应用，以及创新财务工具和成本控制策略。最后，本章将分析绿色供热项目的市场前景，探讨其面临的挑战和应对策略，揭示新的市场机会和潜力所在。

6.1　多能源供热的经济优势与新机会

本节将探索多能源供热系统的经济优势及其带来的新机会。这一节将深入分析多能源供热系统的投资回报情况，包括初始投资成本、运营成本节约、维护成本分析以及投资回收期等方面。同时，本节将评估多能源供热的市场潜力，涵盖需求预测、市场容量、竞争分析和市场推广策略等内容。本节还将讨论融资与补贴的多样化途径，包括政府补贴政策、绿色金融产品、PPP 模式和国际资金支持等。最后，本节还将对经济风险管理进行全面阐述，从风险识别到风险转移，为多能源供热的可持续发展提供坚实的经济基础。

6.1.1 投资回报分析

在探讨多能源供热系统的投资回报分析时,笔者将深入研究四个关键方面:初始投资成本、运营成本节约、维护成本分析以及投资回收期。这些要素共同构成了评估多能源供热系统经济可行性的基础。

1. 初始投资成本

初始投资成本是启动多能源供热项目的首要经济考量。这包括设备采购、安装、基础设施建设以及初期的人力资源投入。多能源供热系统初始投资通常较高,因为这类系统往往需要先进的技术和复杂的设备。例如,集成太阳能、地热能或生物质能源的系统需要特定的技术设备,如高效率的热泵、太阳能集热板和生物质燃烧器。建立智能控制系统以优化能源使用也是初始投资的一部分。这些投资不仅涉及物理设备,还包括软件和数据管理系统的开发。为了确保投资的合理性,需要进行详细的市场调研和技术评估,以选择最合适的技术和设备。

2. 运营成本节约

运营成本节约是多能源供热系统的一个显著优势。通过整合不同的能源,如太阳能、风能、生物质能等,这些系统能够更有效地管理能源消耗,从而降低长期的运营成本。例如,使用太阳能供热可以在日照充足的日子减少对传统能源的依赖,从而节约能源费用。同时,智能控制系统能够根据实时数据调整能源使用,进一步优化能源效率。多能源系统的运营成本节约还体现在维护方面。由于系统的多样性,即使某一能源供应出现问题,其他能源仍可维持系统运行,减少了因故障而产生的停机时间和相关成本。

3. 维护成本分析

维护成本是多能源供热系统长期运营成本的重要组成部分,包括定期的设备检查、零件更换、系统升级以及故障修复的开支。虽然多能源系统在设计时就具备高效率和运行稳定的特点,但定期维护仍然不可缺少。有效的维护策略可以最大限度地减少意外停机和故障的发生,确保系统的长期稳定运行。随着技术的进步，系统升级也是维护成本的一部分。这可能包括软件更新、硬件升级或整合新的能源技术等方面的成本。因此，维护成本分析需要考虑这些长期的投入，以及它们对系统整体经济效益的影响。

4.投资回收期

投资回收期是衡量投资价值的关键指标，指的是投资成本从运营收益中收回所需的时间。在多能源供热系统中，由于初始投资较高，因此投资回收期可能相对较长。然而，由于节省了运营成本并有获得政府补贴的可能投资回收期也会显著缩短。为了准确评估投资回收期，人们需要考虑能源价格的波动、政策变化以及技术进步等因素。随着环保意识的提高和绿色能源政策的支持，多能源供热系统的市场需求预计将增长，这也有助于加快投资的回收。

6.1.2　市场潜力评估

在当今全球能源结构转型的背景下，多能源供热系统的市场潜力评估尤为重要。这一评估涉及需求预测、市场容量、竞争分析以及市场推广策略四个关键维度，它们共同描绘出多能源供热市场的未来图景。

1.需求预测

需求预测是市场潜力评估的起点。在多能源供热领域，需求预测不仅关注当前的市场需求，还要考虑未来的发展趋势。这包括分析人口增长、城市化进程、工业发展以及环保政策等多个因素。例如，随着城市化的加速，城市供热需求将持续增长，这为多能源供热系统提供了广阔的市场空间。同时，人们的环保意识逐渐提高，在环保政策和绿色能源目标的推动下，全球对可持续能源解决方案的需求日益增长。通过对这些因素的综合分析，人们可以预测未来几年内多能源供热系统的需求趋势，为市场策略的制定提供依据。

2.市场容量

市场容量的评估关注的是多能源供热系统在潜在市场中的最大销售潜力。这涉及对特定地区或行业的能源需求、现有供热系统的普及程度以及替换或升级的可能性的分析。例如，在一些老旧的工业区，现有供热系统由于效率低下，其升级为多能源供热系统的需求可能非常高。新兴的住宅和商业区域也是多能源供热系统的重要市场，尤其是那些对环保和能效有较高要求的区域。通过评估这些区域的具体需求和发展潜力，人们可以更准确地估计市场容量。

3. 竞争分析

竞争分析是理解市场动态的关键。在多能源供热市场中，人们需要分析现有的竞争者、其市场份额、产品和服务的优势与劣势，以及潜在的新进入者。这不仅包括直接竞争对手，还包括那些提供替代能源解决方案的公司。例如，传统的燃气和电供热系统就可能是多能源供热系统的主要竞争对手。通过深入分析这些竞争者的策略和性能，人们可以为多能源供热系统的市场定位和产品改进提供重要信息。此外，了解行业内的技术创新和市场趋势也对制定有效的竞争策略至关重要。

4. 市场推广策略

市场推广策略是发掘市场潜力的关键。这包括品牌建设、营销活动、客户关系管理以及合作伙伴关系的建立等方面。在多能源供热市场中，有效的推广策略需要强调产品的环保性、能效、成本效益以及可靠性。例如，开发方可以通过案例研究和客户见证来展示系统的实际效果，增强潜在客户的信心。同时，与政府机构、行业协会和其他相关组织建立合作关系，可以提高品牌的知名度和市场接受度。此外，利用数字营销和社交媒体平台也是提高市场覆盖率和吸引年轻客户的有效途径。

6.1.3 融资与补贴

在多能源供热项目的实施过程中，融资和补贴策略对项目实施有重要影响。这些不仅能为项目提供必要的资金支持，还有助于降低投资风险，加速项目的实施和推广。下面是关于政府补贴政策、绿色金融产品、PPP 模式和国际资金支持四个方面的详细阐述。

1. 政府补贴政策

政府补贴政策是推动多能源供热项目发展的关键因素之一。这些政策通常旨在降低可再生能源和高效能源技术的初始投资成本，从而提高它们的市场竞争力。政府补贴可以采取多种形式，如直接的财政补助、税收减免、低息贷款或者能源价格补贴等。例如，政府可以为安装太阳能供热系统的住宅或企业提供补贴，以降低其安装成本。政府还可以提供研发补贴，以支持新能源技术的开发和创新。这些补贴政策不仅有助于减少环境污染，还能促进新能源产业的发展和就业。

2. 绿色金融产品

绿色金融产品是推动可持续发展项目发展的重要工具。这些产品包括绿色债券、绿色基金、绿色信贷等，它们被专门用于资助环保和能源效率项目。例如，绿色债券可以由政府或企业发行，用于筹集资金以投资多能源供热等环保项目。这些金融产品不仅为项目提供资金，还能吸引那些关注环境保护和社会责任的投资者。此外，一些金融机构还提供专门的绿色信贷产品，为小型和中型企业提供低息贷款，以支持它们在能源效率和可再生能源方面的投资。

3.PPP 模式

PPP 模式在多能源供热项目中的应用正在不断创新和发展。除了传统的建设和运营合作，社会上还出现了更多基于服务的 PPP 模式。例如，私营企业可以负责提供能源效率服务，如能源审计和改进建议，而政府则提供资金支持和政策激励。这种服务型 PPP 模式有助于提高能源效率，减少环境影响，同时为私营企业提供了新的商业机会。

4. 国际资金支持

国际资金支持正在变得更加灵活和多元化。除了传统的贷款和援助，国际上还有更多基于合作的资金支持方式，如国际合作项目和跨国研发伙伴关系。这些合作项目不仅为人们提供了资金支持，还促进了技术和知识的交流。例如，国际清洁能源合作项目可以帮助不同国家共享最佳实践和经验，加速清洁能源技术的全球推广。

6.1.4 经济风险管理

在探索多能源供热项目的经济风险管理时，人们必须认识到，这些项目的成功不仅取决于技术的先进性和效率，还取决于对潜在风险的有效管理。下面是对经济风险管理四个关键方面的分析。

1. 风险识别

风险识别是经济风险管理的基石。在多能源供热项目中，风险识别涉及对可能影响项目财务稳定性和可行性的各种因素的全面分析，包括市场风险、技术风险、政策和法规变化风险以及环境风险。例如，市场需求的不确定性可能导致收入波动，而技术故障可能产生意外的维护成本。通过全面识别这些风险，项目管理者可以做更好的准备以应对潜在的挑战。

2. 风险评估

一旦识别出风险，下一步就是对它们进行评估。这个过程就是确定每个风险的可能性和潜在影响，可为风险管理策略的制定提供量化的基础。例如，通过分析历史数据和市场趋势，人们可以评估市场风险的大小。同样，技术风险可以通过评估设备故障率和维护记录来量化。这种评估不仅能帮助项目管理者了解哪些风险最需要关注，还为制定有效的风险缓解策略提供了依据。

3. 风险控制

风险控制是经济风险管理的核心环节。在多能源供热项目中，风险控制包括一系列策略和措施，旨在减少已识别和评估的风险的影响。例如，为了降低市场风险，项目管理者可以采用灵活的定价策略和多元化的客户推广策略。同时，为了控制技术风险，项目管理者可以实施定期的设备维护和升级计划。建立应急计划和保险措施也是控制风险的重要措施。

4. 风险转移

风险转移是经济风险管理的另一个关键方面。在多能源供热项目中，风险转移通常涉及将某些风险转移给第三方，如通过保险或合同安排。例如，项目管理者可以通过购买适当的保险来转移设备故障或自然灾害带来的财务风险。同样，通过与供应商和承包商签订合同，项目管理者可以将某些运营风险转移出去。这种风险转移不仅有助于保护项目免受重大财务损失，还可以增强项目在面对不确定性时的整体韧性。

6.2 环境效益与减排的优势

在当前全球气候变化和倡导环境保护的背景下，多能源供热系统的环境效益和减排优势显得尤为重要。这一节将深入探讨多能源供热是如何通过高效利用能源、减少温室气体排放和其他污染物，以及提高生态系统的整体健康度和可持续性，对环境产生积极影响的。笔者将分析这些系统将如何帮助实现国家和全球的减排目标，同时探讨绿色标准和认证的重要性，以及环境教育和社会影响在推进环境保护的过程中所扮演的角色。这些内容将为人们理解多能源供热在环境保护和可持续发展方面的关键作用提供全面视角。

6.2.1 环境影响评价

环境影响评价是评估多能源供热系统可持续性的关键因素，它涉及对排放量的精确计算、环境负荷的有效降低程度、生态系统服务能力的增强以及对持续性的全面评估。这些方面共同构成了多能源供热系统对环境的影响，为未来的优化和改进提供了坚实的基础。

1. 排放量计算

排放量计算是环境影响评价的起点。它涉及对多能源供热系统在运行过程中产生的温室气体、有害气体和其他污染物的量化。这一过程不仅包括直接排放量的计算，如燃烧化石燃料产生的二氧化碳，还包括间接排放量，如电力消耗导致的排放。要进行准确的排放量计算就要应用先进的测量技术和复杂的数据分析方法。通过计算，人们可以清晰地识别出主要的排放源，更好地制定减排策略。

2. 环境负荷降低

降低环境负荷是多能源供热系统设计和运行的核心目标之一。这涉及采用各种策略和技术来减少系统对环境的影响。例如，通过优化能源组合，增加可再生能源的比例，可以显著减少温室气体和其他污染物的排放，提高能源利用效率，减少能源浪费，也是降低环境负荷的重要手段。通过施行这些措施，多能源供热系统能够在满足人类供热需求的同时，最大限度地减少对环境的负面影响。

3. 生态系统服务

生态系统服务的评估强调了多能源供热系统与自然环境之间的相互作用。这包括评估系统对生物多样性、水资源、土壤质量和空气质量等方面的影响。例如，减少污染物排放可以改善空气质量，从而有利于生态系统的健康。同时，通过减少对化石燃料的依赖，多能源供热系统有助于保护自然景观和生物多样性。这种评估有助于人们全面理解供热系统对环境的影响，促进生态平衡和可持续发展。

4. 持续性评估

持续性评估是对多能源供热系统长期环境影响的考察。这涉及对系统的生命周期进行全面分析，包括建设、运行和退役各阶段的环境影响。持续性评估还包括对系统适应未来环境变化的能力的评估，如气候变化对供热需求和能源资源的影响。通过这种评估，人们可以确保多能源供热系统在长期内对环境的影响达到最小，同时保证其经济和社会效益的稳定。

6.2.2　减排目标与实现

在当今世界，减少温室气体排放已成为全球共同的挑战和责任。多能源供热系统作为一种有效的减排途径，在实现减排目标方面扮演着重要角色。下面将探讨国家减排承诺、项目减排效果、减排技术和减排政策这四个关键方面，展示多能源供热系统在环境保护方面的潜力和实践成果。

1. 国家减排承诺

国家减排承诺是全球应对气候变化的基石。各国政府通过达成国际协议，如《巴黎协定》，承诺减少温室气体排放，以限制全球平均气温的升高。这些承诺通常包括具体的减排目标和时间表。例如，一些国家承诺到 2030 年将其碳排放量减少到 2005 年水平的一半。多能源供热系统作为一种高效、低碳的供热方式，被视为实现这些减排承诺的关键工具。通过整合可再生能源和提高能源效率，这些系统有助于减少化石燃料的依赖和碳排放。

2. 项目减排效果

项目减排效果是衡量多能源供热系统实际减排成效的重要指标。这涉及对特定项目或系统在运行过程中实际减少的温室气体排放量进行量化的工作。例如，通过替换老旧的燃煤供热系统，一个多能源供热项目可以在一年内减少数千吨的二氧化碳的排放。这些数据不仅证明了项目的环境效益，还为未来的项目提供了宝贵的经验和数据支持。准确的减排效果评估有助于吸引投资者和政策制定者的关注，推动更多类似项目的实施。

3. 减排技术

减排技术是实现多能源供热系统减排目标的关键。这些技术包括高效的能源转换设备开发、热力系统设计、智能控制系统开发等方面的技术。例如，使用热泵和太阳能集热器可以显著提高能源利用效率，减少对化石燃料的依赖。集成智能控制系统，可以优化能源的使用，进一步降低能耗和排放。这些技术的发展和应用不仅有助于减少温室气体排放，还推动了能源技术的创新和进步。

4. 减排政策

减排政策是推动多能源供热系统发展的重要驱动力。政府通过制定和实施各种政策措施，如税收优惠、补贴、排放交易制度等，鼓励和支持低碳供热技术的发展和应用。例如，一些国家为安装高效供热设备的用户提供补贴，或对使用可再生能源的项目给予税收减免的政策优惠。这些政策不仅降低了采用多能源供热系统的经济成本，还提高了这些系统的市场吸引力。有效的减排政策能够加速低碳技术的普及，为实现长期的减排目标作出贡献。

6.2.3　绿色标准与认证

在全球范围内，绿色标准和认证已成为推动可持续发展和环保的重要工具。这些标准和认证不仅为企业和项目提供了清晰的环保指导，还加深了公众对环保产品和服务的认知。下面将深入探讨国际绿色标准、认证程序、认证效果以及认证推广的重要性和实践方法。

1. 国际绿色标准

国际绿色标准是全球环保事业和可持续发展的基石。这些标准由国际组织制定，旨在提供统一的环保和可持续性指标。例如，国际标准化组织发布的 ISO 14000 环境管理系列标准，专注于环境管理，帮助组织减少对环境的负面影响。这些标准涵盖了从能源管理到废物处理的各个方面。对于多能源供热项目而言，遵循这些国际标准不仅有助于提高其环保性能，还能增强自身在全球市场上的竞争力。通过遵守这些标准，项目团队能够展示其对环境保护的承诺，同时提高项目能效，减少排放。

2. 认证程序

完善认证程序是使项目达到绿色标准的关键步骤。这一过程通常涉及对项目或产品的详细评估，以确保其符合特定的环保标准。例如，多能源供热系统的认证过程可能包括对能效、排放水平和使用的可再生能源比例的评估。这个过程通常由第三方机构执行，以保证评估的客观性和公正性。认证程序不仅能帮助项目团队识别和改进环保方面的不足，还为其在市场上提供了可信的环保标签。

3. 认证效果

获得绿色认证的项目或产品可以获得多方面的益处。首先，认证作为一种权威的环保标志，增强了项目或产品在消费者和投资者心中的吸引力。这可以转化为更高的市场需求和更好的销售表现。其次，认证还可以帮助项目获得政府补贴或税收优惠，降低运营成本。最后，认证还有助于提升企业的品牌形象和市场声誉，为其带来长期的竞争优势。

4.认证推广

推广绿色认证对提高公众对环保问题的认识和参与度至关重要。这可以通过多种方式实现，如组织教育活动、进行媒体宣传和政策倡导。这些活动，可以提高公众对绿色产品和项目的认知，鼓励更多的消费者和企业选择环保的选项。政府和非政府组织可以通过提供信息、培训和技术支持来支持认证的推广。这些措施不仅有助于提高绿色标准和认证的知名度，还能促进整个社会向更可持续的发展方向迈进。

6.2.4　环境教育与社会影响

环境教育和社会影响是实现可持续发展目标的关键因素。在全球面临环境挑战的当下，提高公众的环境意识，实施有效的教育项目，鼓励社会参与，并促进行为变化，对构建一个更加绿色和可持续的未来至关重要。下面将探讨这四种措施的重要性和实施策略。

1.环境意识提升

提升公众的环境意识是实现环境保护目标的第一步。环境意识不仅涉及对环境问题的基本认识，还包括对可持续生活方式的理解和接受。为此，人们可以通过多种渠道进行宣传教育，如学校教育、媒体宣传、公共讲座等。例如，学校可以将环境教育纳入课程，教授学生关于气候变化、资源节约和可再生能源的知识。媒体也可以发挥重要作用，通过报道环境问题和成功案例，提高公众对环境保护的认识。政府和非政府组织可以举办各种活动，如环保展览、研讨会和竞赛，以吸引公众的注意力并提高其对环境问题的认识。

2.教育项目

实施具体的环境教育项目是提高公众环境意识的有效方式。这些项目可以针对不同年龄和背景的人群，为其提供定制化的教育内容。例如，学校可以开展环境保护主题的课程和活动，让学生通过实践学习环保知识。企业也可以为员工提供环保培训，教授他们如何在日常工作中实践可持续理念。社区中心和公共图书馆可以用来举办环保工作坊和讲座，为居民提供学习和参与环保活动的机会。这些教育项目，不仅可以提高公众的环保知识水平，还可以激发他们对环境保护的兴趣和热情。

3. 社会参与

鼓励公众积极参与环保活动对实现环境保护目标十分重要。这可以通过开展志愿服务、社区活动和组织公民科学项目等方式实现。志愿服务可以让公众直接参与环保工作，如植树、清洁河流和野生动物保护。社区活动，如环保市集、回收活动和绿色生活研讨会，可以增强社区成员之间的联系，同时提高他们的环保意识。公民科学项目，如观察当地生态系统的变化，可以让公众参与科学研究，加深他们对环境问题的理解。通过这些活动，公众不仅可以为环境保护作出贡献，还可以增强自身的社区归属感和责任感。

4. 行为变化

最终，环境教育和社会影响的目标是促进公众的行为变化，倡导更可持续的生活方式。这包括日常生活中的小改变，如节约用水、减少能源消耗、选择可再生能源和参与回收活动。政府和组织可以通过提供信息、工具和激励措施来鼓励这些行为变化，如提供节能家电的补贴、设置回收站和开展绿色生活挑战活动。展示环保行为的积极影响，如能源费用的减少和生活质量的提高，可以激励更多人采纳这些行为方式。长期来看，这些行为变化将对环境产生积极影响，促进社会的可持续发展。

6.3　成本效益的创新分析与模型

在当今经济和环境背景下，成本效益分析成为评估和实施可持续项目的关键工具。特别是在绿色供热项目中，创新的成本效益分析和模型的应用不仅有助于量化经济和环境效益，还能揭示潜在的风险和机遇。这种分析方法结合了定量和定性的评估，考虑了敏感性和风险因素，从而为决策者提供了全面的视角。通过运用经济模型，人们可以更好地理解绿色供热的应用对投资决策、运营优化、成本预测和收益评估等方面的影响，同时，创新的财务工具和成本控制策略为实现项目的长期可持续性提供了支持。

6.3.1　成本效益分析方法

在成本效益分析的领域，综合运用多种方法是关键。这些方法包括定量分析、定性分析、敏感性分析和风险调整，它们共同构成了一个全面的评估框架，可为决策者提供深刻的见解和深入的指导。

1.定量分析

定量分析是成本效益分析中的基石。它涉及数据的收集和处理，用以量化成本和效益。在绿色供热项目中，这可能包括能源消耗、运营成本、维护费用和预期收益的具体数目。通过应用统计和财务模型，定量分析能够提供关于项目财务可行性的直观分析。例如，使用现值或内部收益率等财务指标，可以帮助人们评估项目的长期经济效益。定量分析还可以揭示成本和效益随时间变化的趋势，为项目规划和预算制定提供依据。

2.定性分析

定量分析之外，定性分析也同样重要。这种分析关注的是那些难以量化的因素，如项目对社区的影响、用户满意度和环境效益。在绿色供热项目中，定性分析可以帮助人们评估如何提高能源效率，改善空气质量，以及如何促进可持续发展。通过访谈、案例研究和专家意见，定性分析为人们提供了对项目影响的更深层次理解，有助于人们识别潜在的机遇和挑战。

3.敏感性分析

敏感性分析是评估项目不确定性的关键工具。它涉及改变关键假设和输入参数，可用来观察这些变化如何影响项目的成本效益。例如，在绿色供热项目中，能源价格波动、技术进步或政策变化都可能对项目的财务表现产生显著影响。敏感性分析可以识别出哪些因素对项目结果影响最大，从而帮助决策者理解和准备应对不确定性风险。

4. 风险调整

风险调整是成本效益分析中不可或缺的一部分。它涉及识别和评估可能影响项目结果的风险，以及做出相应调整分析以反映这些风险可能的影响。在绿色供热项目中，人们可能面临的风险包括技术故障、资金短缺或监管变化。通过对这些风险进行量化并将之合并到成本效益分析中，新的成本效益分析可以更准确地反映出项目的真实预期表现。风险调整还有助于制定风险缓解策略，保证项目在面对不确定性时具备韧性。

6.3.2　经济模型应用

在现代经济环境中，运用精确的经济模型对确保项目成功十分重要。特别是在绿色供热项目中，这些模型不仅为人们提供了对财务前景的深入理解，还帮助人们在面对不确定性和复杂性兼具的问题时做出明智的决策。下面是四种关键的经济模型及其在绿色供热项目中的应用。

1. 投资决策模型

投资决策模型是评估项目可行性和盈利潜力的重要工具。在绿色供热项目中，这种模型通常包括对项目成本（如设备购置、安装和启动成本）和预期收益（如能源销售、节能效益和政府补贴）的详细分析。这些模型通常采用现金流量折现方法来评估项目的净现值和内部收益率。通过这种方式，投资者可以比较不同项目的财务吸引力，选择最佳的投资方案。投资决策模型还可以帮助人们识别关键的财务风险和不确定性因素，如能源价格波动、政策变化或技术进步，从而制定相应的风险缓解策略。

2. 运营优化模型

运营优化模型专注于提高项目效率和降低运营成本。在绿色供热项目中，这些模型可以被用于优化能源生产、分配和消耗方案。例如，运用线性规划或其他优化算法，可以确定最佳的能源生产组合，以达到成本最小化并满足环境标准。运营优化模型还可以被用于调度和维护计划，以确保设备的最佳运行状态和最长寿命。通过这种方式，项目运营商可以有效地管理资源，降低能源浪费，并提高整体运营效率。

3. 成本预测模型

成本预测模型是预测项目长期财务表现的关键。这些模型通常包括对原材料成本、能源价格、劳动力成本和其他运营费用的预测内容。在绿色供热项目中，成本预测模型可以帮助项目管理者理解和预测未来的财务需求，从而更好地规划预算和资金流。这些模型通常会结合历史数据和市场趋势分析，以提供对未来成本变化的洞察。成本预测模型还可以被用于评估不同的采购策略和合同安排，以降低成本和风险。

4. 收益评估模型

收益评估模型被用于评估项目的经济效益和社会效益。在绿色供热项目中，这些模型不仅考虑直接的财务收益，如能源销售和节能效益，还考虑项目对环境和社会的正面影响。例如，通过减少温室气体排放和提高空气质量，绿色供热项目可以产生显著的社会效益。收益评估模型可以帮助项目管理者量化这些效益，并将它们纳入总体项目评估中。这种方法不仅有助于吸引投资者和获得政府支持，还有助于提高项目的公众接受度和社会影响力。

6.3.3 创新财务工具

绿色供热技术是应对气候变化、提高能源利用效率以及减少环境污染的关键技术领域之一。多能源协同供热系统的设计和实施涉及多个方面，从能源类型的选择到系统配置、协同机制和技术创新，都需要综合考虑各种因素。然而，在这一领域的项目通常需要大量资金的支持，因此应用创新的财务工具对推动绿色供热的发展至关重要。笔者将深入探讨创新财务工具，特别是绿色债券、能源性能合同、绿色基金和碳交易，以及它们在绿色供热项目中的应用和潜力。

1. 绿色债券

绿色债券是一种资金筹集工具，旨在支持环保和可持续发展项目的发展，包括绿色供热项目。这些债券的发行机构通常是政府、金融机构或企业，募集到的资金专门用于投资环保和低碳项目。绿色供热项目可以通过发行绿色债券来筹集资金，并将之用于更新供热设施、引入可再生能源和提高能源效率。绿色债券的优势在于它们可以吸引那些关心环保事业的投资者，同时能为项目提供稳定的长期资金来源。

2. 能源性能合同

能源性能合同是财务安排的一种，通常由专业能源服务公司提供。在这种合同下，供热系统的升级和改进由服务公司出资，并由项目的能源节约成本来偿还。这意味着项目业主无需提前支付大笔资金，而能通过未来的节能成本来偿还投资。能源性能合同在绿色供热项目中的应用可以使项目在不增加财务负担的情况下开始实施，鼓励更多的机构和企业参与到可持续供热中来。

3. 绿色基金

绿色基金有多种资金来源，包括政府、国际组织和私人投资者，用以支持绿色项目发展。这些基金通常专注于可持续发展和环保领域，包括绿色供热。绿色供热项目可以申请从绿色基金中获得资金支持，以进行设施升级、技术创新和能源转型。这些基金的建立和管理有助于提高绿色供热项目的经济可行性，并吸引更多的投资。

4. 碳交易

碳交易是一种碳排放权交易机制，旨在鼓励减少温室气体排放。在某些地区，企业和组织需要购买碳排放配额来弥补其排放量。对绿色供热项目而言，减少温室气体排放，可以获得碳减排配额，并在碳市场上销售以这些配额以获取额外的收入。这种机制激励了绿色供热项目的实施，同时有助于减少对化石燃料的依赖，降低温室气体排放。

6.3.4　成本控制策略

成本控制在绿色供热项目的规划和实施中起着重要的作用。为了确保项目的可行性、经济性和可持续性，人们必须采取一系列有效的成本控制策略。本节将深入探讨成本控制的四个关键策略——预算管理、成本削减、价值工程和财务监督，以展示它们在绿色供热项目中的重要性和应用方式。

1. 预算管理

预算管理是项目管理中的基本环节，对绿色供热项目同样至关重要。在项目初期，制定详细的预算计划是必不可少的。这一计划涵盖了项目的各个方面，包括设备采购、人力成本、材料费用、维护费用等。一旦预算计划确立，项目管理团队需要密切监控和控制支出，以确保不超出预算。定期的预算审查和调整也是预算管理的一部分，目的是应对项目进展中的变化和风险。通过有效的预算管理，项目可以更好地控制成本，确保经济效益的实现。

2. 成本削减

成本削减是一项关键的策略，旨在降低项目的总体成本，同时保持项目质量和性能。这可以通过多种方式实现，如采用更经济高效的技术和设备、优化供应链、降低运营成本、减少资源浪费等。成本削减还可以通过供应商和承包商之间的协同合作来实现，以获得更有竞争力的价格和服务。然而，需要注意的是，成本削减不应牺牲项目的可持续性和性能，因此需要进行谨慎的权衡和决策。

3. 价值工程

价值工程是一种系统性的方法，旨在提高项目的价值和效益，同时降低成本。在绿色供热项目中，价值工程可以通过不断优化项目的设计和实施过程来实现，包括重新评估项目的需求、分析不同方案的成本效益、识别潜在的改进机会等。通过实施价值工程，项目团队可以发现隐藏的节约潜力，提高项目的性价比，并确保项目在满足预期目标的同时，保持成本的可控性。

4.财务监督

财务监督是项目管理过程中的关键组成部分，它通过监控项目的财务状况，确保项目的成本得以有效控制。财务监督的内容包括进行定期的财务报告和审计，以及与财务专业人员的紧密合作。财务监督还包括风险管理，可帮助项目团队识别潜在的财务风险和问题，并采取措施来应对这些风险。通过及时的财务监督，项目团队可以在问题升级之前采取纠正措施，确保项目保持财务健康。

6.4　绿色供热项目的市场前景与新潜力

绿色供热作为可持续能源领域的前沿技术，不仅改善了能源利用效率，还减轻了环境负担。随着全球对可再生能源和环境友好型解决方案的需求的增加，绿色供热在市场上也展现出广阔的前景和新的潜力。本节将探讨绿色供热项目的市场趋势，分析其发展前景，探讨创新商业模式以及挖掘潜在市场机会的方法。同时，本节还将剖析项目面临的挑战，并提出应对策略，为未来的绿色供热发展预测方向。通过对市场前景与新潜力的深入研究，人们可以更好地理解绿色供热在全球能源格局中的角色，为可持续发展目标的实现提供有力支持。

6.4.1　市场趋势分析

随着全球对可持续能源和环保解决方案的需求的不断增加，绿色供热项目作为一种新兴、可持续的能源领域，正逐渐崭露头角。绿色供热不仅有助于减少碳排放和环境污染，还能提高能源利用效率，降低能源成本，为社会和经济带来多重益处。笔者将深入分析绿色供热项目的市场趋势，探讨各种因素对其发展的影响，包括技术进步、政策驱动、消费者偏好和国际合作等。通过对这些关键因素的细致研究，人们可以更好地理解绿色供热项目在未来的市场前景和潜力，以及如何应对相关挑战，推动可持续发展。

1. 技术进步

科技的不断革新与创新推动着绿色供热技术的演进，从而提升了供热效率，使绿色供热技术对环境更友好并具有更强的经济可行性。例如，近年来，地热、太阳能和生物质能源等可再生能源技术，已经成为绿色供暖的重要组成部分。这些技术通过有效利用自然资源，减少对传统化石燃料的依赖，大幅降低了碳排放和环境污染。智能化技术的融合也正逐步改变绿色供热项目的运营模式。通过采用智能控制系统和数据分析工具，绿色供热系统能够更加精准地调节能源的分配，提高能源利用率，同时减少能源浪费。这不仅提高了供暖系统的经济效益，还优化了用户体验。在提高经济可行性方面，人们通过改进技术和设备，如研发高效热泵和节能建筑材料，使绿色供暖系统的安装和维护成本逐渐降低，这使绿色供热对于更广泛的用户群体变得经济上更加可行和有吸引力。而且在成本降低的同时，相关技术的进步还促进了绿色供热技术的普及，并提高了它的市场接受度。

2. 政策驱动

政策支持是推动绿色供热项目发展的另一个关键因素。政府在能源政策、环保法规和财政激励方面的举措，直接影响了项目的可行性和吸引力。人们应深入分析各国各地的政策措施，包括补贴政策、排放标准、税收政策等，以及这些政策对项目的影响。人们还应关注国际合作和跨国政策，以及它们塑造全球绿色供热市场的方式。

3. 消费者偏好

消费者的态度和偏好对绿色供热项目的成功十分重要。越来越多的消费者对可持续性和环保性能的关注，为能源供应商和项目开发商带来了新的挑战和机遇。人们应深入分析消费者对绿色供热项目的需求，以及他们的购买决策如何受到环保、成本和可靠性等因素的影响。人们应将研究市场教育和宣传对提高消费者对绿色供热项目的认知和接受度的作用。

4. 国际合作

国际合作在推动绿色供热项目的发展方面发挥着关键作用。跨国合作可以促进技术共享、资源整合和市场开拓，有助于推动能源供应的多样性发展和面对当下的可持续性挑战。人们应探讨国际合作的不同形式，包括双边合作、国际组织的作用以及全球能源伙伴关系的发展。人们还应关注国际碳市场和碳交易，以及它们如何鼓励企业和国家采用更环保的供热解决方案。

6.4.2 创新商业模式

绿色供热项目作为可持续能源领域的一部分，不仅关乎环境保护和能源效率，还涉及商业模式的创新与演进。随着技术的进步和市场需求的变化，绿色供热项目的商业模式也在不断演进和创新。本章将深入研究绿色供热项目中的创新商业模式，包括服务化、分布式供热、能源互联网和跨界整合等方面的内容。通过对这些商业模式的详细分析，人们可以更好地理解它们如何推动绿色供热项目的可持续发展，以及在不同市场和地区的应用情况。

1. 服务化

服务化是一种商业模式，强调应将产品供应与服务提供相结合，以满足客户的需求。在绿色供热项目中，服务化模式可以为用户提供更多定制化的解决方案，包括能源管理、设备维护、性能监测等方面。人们应深入研究服务化商业模式的运作原理、市场趋势及其在绿色供热项目中的应用案例，还有这种模式提高用户体验、降低成本和提高项目可持续性的方式。

2. 分布式供热

分布式供热是一种将供热设施分散布局在不同地点的商业模式。它强调能源供应和供热系统的地方化，可以减少输电损失，提高能源效率。人们应深入探讨分布式供热的优势、技术挑战以及市场前景。同时，人们还应研究分布式供热在城市和乡村地区的应用情况，以及如何实现与传统供热系统的互操作性。

3. 能源互联网

能源互联网是一种将能源系统与信息通信技术相结合的商业模式，旨在实现能源的智能化管理和优化。在绿色供热项目中，能源互联网可以提高能源的可持续性和效率，促进能源的分享和交易。人们应深入研究能源互联网的架构、关键技术及其在绿色供热项目中的应用。同时，人们还应关注能源互联网对能源市场和政策的影响，以及如何促进能源的可再生利用和供需平衡。

4. 跨界整合

跨界整合是一种将不同产业领域的资源和技术整合在一起的商业模式。在绿色供热项目中，跨界整合可以促进能源系统的协同运行，提高能源的综合利用效率。人们应深入研究跨界整合商业模式的运作机制、成功案例以及跨界整合促进绿色供热项目发展的方式。同时，人们还应研究跨界整合对供热系统的可持续性和创新性的影响，以及如何实现不同领域之间的协同合作。

6.4.3　潜在市场机会

绿色供热项目的市场前景和潜力一直备受关注，特别是在气候变化和能源可持续性发展的时代背景下。本章将探讨绿色供热项目的潜在市场机会，包括新兴市场、产业升级、技术出口和绿色城市等方面的内容。这些机会不仅对供热行业的发展具有重要意义，还对社会可持续发展和环境保护有积极影响。通过深入分析这些机会，人们可以更好地了解绿色供热项目在不同市场和领域的潜力，以及如何实现可持续发展和创新。

1. 新兴市场

新兴市场是绿色供热项目的重要机会之一。这些市场通常具有较高的能源需求和增长潜力，同时面临着能源安全和环境污染等挑战。人们应深入研究新兴市场的特点，包括亚洲、非洲和拉丁美洲等地区，以及在这些市场中推动绿色供热项目的政策和商业机会。同时，人们还应关注新兴市场的需求趋势，以及如何适应当地文化和市场规模等问题。

2. 产业升级

产业升级是另一个绿色供热项目的市场机会。随着工业化进程的推进，许多国家和地区正在进行产业结构的升级和转型，这意味着对更加高效和环保的供热解决方案的需求的增加。人们应深入研究一些产业升级的案例，包括制造业、工业园区和特殊经济区域等，以及如何为这些领域提供创新的供热服务和技术支持。同时，人们还应探讨产业升级对能源效率和碳减排目标的影响。

3. 技术出口

技术出口是绿色供热项目的另一项市场机会。许多国家和地区在绿色供热技术方面取得了重要突破和创新，这些技术可以通过出口到其他国家和地区促进经济增长和技术交流。人们应深入研究一些成功的技术出口案例，包括供热设备、智能控制系统和能源管理解决方案等。同时，人们还应关注技术出口的政策和法规，以及如何提高技术出口的竞争力和市场份额。

4. 绿色城市

绿色城市是绿色供热项目的重要市场之一。随着城市化进程的加速和城市人口的增长，城市面临着供热能源的需求和可持续性发展的挑战。人们应深入研究一些绿色城市案例，包括智慧城市、可持续发展示范城市和生态城市等，以及如何通过绿色供热项目的实施实，现城市能源转型和减排目标。同时，人们还应关注城市规划和政策支持对绿色供热项目的影响，以及城市居民的需求和参与度。

6.4.4 挑战与对策

在探索绿色供热项目的市场前景和新潜力时，人们不能忽视正在面临的挑战。这些挑战包括技术挑战、市场挑战、政策挑战和文化挑战，它们可能会妨碍绿色供热项目的发展和推广。然而，了解并应对这些挑战是实现可持续发展和创新的关键。笔者深入探讨了这些挑战，并提出了相应的对策，以期为绿色供热项目的成功实施提供有力支持。

1. 技术挑战

技术挑战一直是实施绿色供热项目的一大难题。虽然绿色供热技术在不断发展，但不同的地区和市场仍然存在着技术可行性、效率、成本和可维护性等方面的挑战。在面对这些挑战时，人们需要采取一系列措施，包括技术创新、研发投资和技术合作等。例如，引入先进的供热设备和智能控制系统，可以提高供热效率并减少能源浪费。同时，进行技术研发和合作可以促进绿色供热技术的不断改进和突破，降低成本并提高其可持续性。

2. 市场挑战

市场挑战是另一个制约绿色供热项目发展的因素。市场竞争激烈、投资风险高、市场需求不稳定等问题都可能影响项目的可行性和长期盈利能力。为了应对市场挑战，人们需要制定明确的市场战略，包括市场定位、产品定价和市场推广等方面。建立合作伙伴关系，共享市场信息和资源也是解决市场挑战的关键。与政府、行业协会和其他企业合作，可以降低市场准入门槛，拓展市场份额，提高市场竞争力。

3. 政策挑战

政策挑战是发展绿色供热项目面临的另一个重要问题。政府的政策和法规对项目的可行性和发展方向有重大影响。在不同地区和国家，政策环境可能不同，有时政府可能不够支持绿色供热项目的发展。为了克服政策挑战，人们需要积极参与政策制定和改革，争取政府的支持和优惠政策。与政府合作，共同制定可持续发展目标和环保政策，可以为项目提供稳定的政策环境和市场预期。

4. 文化挑战

文化挑战是一个常被忽视但极为重要的因素。不同地区和社区的文化、价值观和习惯可能也会影响绿色供热项目的接受程度和社会支持程度。为了应对文化挑战，人们需要进行广泛的社会参与和宣传，提高公众对绿色供热项目的认知和理解。同时，人们还应考虑到当地文化和社区需求，调整项目策略和服务定位，以满足社会期望。保持文化敏感度和社会责任感也是克服文化挑战的关键，要在项目执行过程中尊重当地文化和社会价值观，与社区建立互信关系，共同推动项目的可持续发展。

第 7 章　中国绿色供热的创新实践与案例

随着全球气候变化的日益严重和环境问题的突出，中国的绿色供热项目正在迎来前所未有的发展机遇。在全国范围内，各个城市和地区都在积极探索绿色供热的创新实践，以满足日益增长的供热需求，同时减少对传统能源的依赖，降低碳排放，改善环境质量。本章将深入探讨中国各地的绿色供热案例，聚焦于不同地区的创新策略和实践经验，以期为可持续供热的发展提供有益启示。从寒冷的哈尔滨到夏热冬冷的上海，再到西部的新疆和位于高原的贵阳，中国各地区的供热需求和气候特点各不相同，因此采取的绿色供热策略也各具特色。笔者将深入研究与各地区相适应的发展驱动力、实践技术、经济环境效益以及面向未来的发展策略，以期为推动中国绿色供热事业的进一步发展提供有力支持。本章将展示中国在绿色供热领域的成功实践，突出推动可持续发展和创新的关键因素，为构建更加清洁、高效、环保的供热体系提供借鉴和启示。这些创新实践不仅可以为中国的供热市场注入新活力，还将在全球范围内推动绿色供热的发展，为全人类应对气候变化和能源的可持续利用做出积极贡献。

7.1　哈尔滨：严寒地区绿色供热转型与新技术

位于中国东北部的哈尔滨市，因其独特的地理位置和极寒的气候条件，长期以来一直面临着供热方面的严峻挑战。随着全球气候变化加剧，可持续发展的必要性越发凸显，哈尔滨市近年来积极推动绿色供热的转型与新技术的应用。本节将深入探讨哈尔滨在绿色供热转型方面的实践和成果，特别是对工业余热的利用、智慧供热系统的开发以及数字技术在供热行业中的应用。

7.1.1　哈尔滨绿色供热的背景与挑战

哈尔滨是中国最北端的省会城市，因其独特的地理位置和气候条件，这里供热系统的建设也面临着独特的挑战。由于位于高纬度地区，哈尔滨的冬季长达数月，气温常常在零下数十度徘徊。在这样的极端气候下，有效而可靠的供暖系统不仅是提高居民生活质量的关键，还是确保基本生活需求的基础。

长期以来，哈尔滨市的供热主要依赖燃煤供暖系统。尽管这种传统的供热方式在某种程度上满足了城市的暖气需求，但它也带来了一系列严重的问题和挑战。首先，燃煤供暖效率低下，大量的热能在传输和分配过程中散失。其次，燃煤供暖造成了严重的空气污染，产生大量的二氧化硫、氮氧化物和颗粒物，这些污染物不仅对环境造成了重大影响，还对居民的健康构成了威胁。

随着全球气候变化问题的日益严峻和国家对环保和可持续发展的重视的加强，哈尔滨市政府开始寻求更清洁、更高效的供热方案。这一目标的转变不仅是为减少环境污染，提高能源利用效率，还是为响应国家政策，践行国家绿色发展战略。

要实现这一转型，哈尔滨市面临着多重挑战。首先，政府需要大规模投资于新的供热基础设施，这对资金相对紧张的地方政府来说是一个不小的挑战。其次，转型过程中需要在旧有系统的升级与新系统的建设之间找到平衡点，保障在转型期间供热系统能稳定运行。此外，引入和应用新技术，需要对相关人员进行培训和技能提升，这也是一个需要投入时间和资源的过程。

在应对这些挑战的过程中，技术创新和科技应用是推动哈尔滨供热系统转型的关键。随着新能源技术的发展，地热供暖、太阳能供暖等绿色供暖技术开始被引入。这些技术不仅能提高能源效率，减少污染物排放，还能带来长期的经济效益。然而，如何有效地整合这些新技术与现有的供热系统，确保技术的高效运行和广泛应用，是哈尔滨市在绿色供热转型过程中需要解决的另一个重要问题。除了技术层面的挑战，哈尔滨市在推动供热系统绿色转型的过程中，还面临着政策和管理层面的挑战。如何制定有效的政策激励机制，引导和促进绿色供热技术的发展和应用，如何建立和完善相关的标准和规范，以及如何加强监管和服务，确保供热系统的安全和可靠，都是需要深入考虑和解决的问题。

7.1.2 工业余热供暖：变废为宝的绿色选择

哈尔滨市，作为中国严寒地区的代表城市之一，近年来在绿色供热方面取得了显著的进步。其中，工业余热供暖的推广使用是其在绿色能源转型中的一项重要创新。这种供暖方式不仅有效提升了能源利用效率，还显著降低了环境污染，为哈尔滨市及类似寒冷地区提供了一个值得借鉴的范例。

工业余热供暖的核心在于回收利用工业生产过程中产生的热能。在一般情况下，这部分热能通常会被排放到环境中，造成能源浪费并增加环境负担。哈尔滨华热能源余热供暖示范项目，通过先进的热泵技术，将这些低品位的余热转换成高品位的热能，用于城市的供暖系统。这一过程不仅提高了能源的综合利用率，还减少了对传统燃煤供暖的依赖，有效低了空气污染物的排放。

具体而言，该项目通过安装在工业企业冷却系统中的热泵设备，收集和提升低温冷却水中的热能。这些经过提升的热能随后被输送至城市供热管网，为居民供暖。与传统燃煤供暖相比，这种方法具有显著的环保优势。首先，它大大减少了煤炭的消耗，从而降低了空气污染物的排放量，改善了城市空气质量。其次，由于利用的是已有的热能，这种供暖方式能源效率更高，有助于减少能源消耗和相关成本。

哈尔滨市在工业余热供暖项目的实施过程中，面临了不少挑战。首先，技术挑战，包括热泵设备的选型、设计和安装，以及与现有供热系统的集成问题。其次，经济挑战，即如何确保项目的经济可行性和长期稳定运行。最后，还有政策和管理挑战，例如，如何制定合适的激励政策，以及如何管理和监督项目的实施。为了克服这些挑战，哈尔滨市政府采取了多项措施。例如，发放政府补贴、制定税收优惠政策，以降低项目的初始投资成本；进行技术培训和人员教育，以提升项目实施和运营的能力；政府与企业合作并倡导公众参与，以确保项目的成功实施。

哈尔滨市工业余热供暖项目的成功实施，不仅在技术和管理方面留下了成功探索的经验，还为寒冷地区的绿色供热提供了新的思路和方向。这种利用工业余热的方式，不仅提高了能源的综合利用率，减少了环境污染，还为提升城市供热系统的效率和可持续性提供了有力支持。随着技术的不断进步和政策的进一步优化，工业余热供暖有望在更多地区得到推广和应用，为城市的绿色发展和能源结构的优化作出重要贡献。

7.1.3　智慧供热系统：科技驱动的绿色升级

在全球倡导可持续发展的当下，哈尔滨市的供热系统面临着绿色、高效和智能化的转型需求。智慧供热系统的开发和应用，正是哈尔滨市应对这一挑战、推动供热行业数字化转型的重要举措。通过与华为等科技公司的合作，哈尔滨太平供热有限公司成功开发了一套集物联网、大数据、人工智能于一体的智慧供热系统，为城市供热带来了革命性的改变。

智慧供热系统的核心在于实现供热的智能调控和管理。通过在居民家中安装的室温采集设备，系统能够收集到实时的室温数据。这些数据通过物联网技术传输至中央控制系统，再结合大数据分析和人工智能算法，能够让系统精确调整供热量，以满足居民的实际需求，同时优化能源分配，提高供热效率。智慧供热系统还具备远程监控和故障预警功能。利用物联网技术，系统可实时监控供热管网和设备的运行状态，及时发现和诊断潜在的问题。通过大数据分析，系统能够预测和预防故障的发生，从而降低维护成本，提高系统的可靠性和稳定性。

智慧供热系统的另一个重要特点是有易于用户理解的交互界面。居民可以通过智能手机应用程序实时查看和调整自家的供热状态，这不仅提升了居民的舒适度和满意度，还促进了能源的节约使用。此外，系统还能提供定制化的服务，如根据居民的日常生活习惯和偏好，自动调整供热模式，实现个性化供热。

在哈尔滨市的智慧供热系统项目实施的过程中，哈尔滨市政府还面临着技术、经济和管理上的挑战。技术上，集成最新的物联网、大数据和人工智能技术，确保系统的稳定性和安全性是一大挑战。经济上，人们需要大量投入资金进行系统的升级和维护。管理上，人们需要对供热公司的员工进行技能培训，确保他们能够有效地管理和运营这一系统。为应对这些挑战，哈尔滨市采取了一系列措施。首先，政府和企业通过投资和技术引进，共同推动项目的实施。其次，通过开展员工培训和公众教育活动，政府和企业提升了相关人员的技术水平，增强了公众对智慧供热的认识和接受度。通过政策支持和市场机制的优化，政府和企业提高了项目的经济可行性和社会效益。

7.1.4　数字技术在供热行业的应用

随着信息技术的飞速发展，哈尔滨市引入先进的数字技术对供热系统进行了深度的优化和升级，从而实现了供热系统的精细化管理和高效运营。数字技术的应用极大地提升了供热系统的能源效率。传统的供热系统往往存在能源浪费的问题，而数字化供热系统能够通过智能算法精确控制供热量，根据不同时间段和区域的需求动态调节供热。例如，通过智能温控器和使用传感器网络，系统可以实时监控并调整供热设备的运行状态，从而减少不必要的能源消耗，提高整体供热效率。

数字化技术的应用提高了供热系统的安全性能。利用物联网和大数据分析，供热系统可以实时监控供热管网和设备的工作状态，及时发现潜在的安全隐患，如管道泄漏、压力异常等。通过建立全面的数据分析平台，人们可以对历史故障数据进行分析，预测未来可能出现的问题，并采取预防措施。数字技术在供热行业中的应用极大地提升了供热系统的服务质量。通过建立智能客户服务系统，居民可以方便地查询供热信息，提交供热问题，并获得快速响应。此外，基于大数据的用户行为分析，可以帮助供热公司更好地理解用户需求，提供更加个性化的服务。

数字技术还为供热行业的决策提供了科学依据。通过收集和分析供热系统的大量数据，决策者可以对供热系统的性能进行全面评估，从而做出更加科学合理的规划和决策。例如，通过分析不同区域的供热数据，人们可以有效规划供热管网的扩建和升级，确保供热资源的高效利用。在实施数字化技术过程中，哈尔滨市也面临着一些挑战。如技术更新换代的成本较高、需要对工作人员进行技术培训、对老旧供热系统的改造等。为此，哈尔滨市采取了多方面的措施，如与科技公司合作开发适合本地供热系统的数字化解决方案，对供热行业工作人员进行专业培训，以及通过政策激励和公私合作模式，吸引更多资金投入供热系统的数字化改造。

7.2　北京：寒冷地区绿色供热的创新策略

在北京这个寒冷地区，实现绿色供热是一项重要而紧迫的任务。本章将深入研究北京在绿色供热领域的创新策略，重点关注政策与规划、供热系统综合优化以及案例研究与经验分享等方面。

7.2.1　政策与规划的引导作用

北京市作为中国的首都和一个高度发达的城市，一直在积极应对寒冷地区的供热挑战，并通过政策和规划引导，不断推动绿色供热的发展。本节将深入探讨北京在政策与规划方面的引导作用，包括绿色供热的政策背景、城市供热规划的演变以及政策工具与激励机制。

1. 绿色供热的政策背景

北京市一直以来都面临着寒冷的冬季气候，因此供热一直是城市管理的重要问题。为了应对气候变化和能源需求的增加，北京市政府制定并实施了一系列绿色供热政策。这些政策旨在减少供热过程中的能源消耗和环境污染，提高供热系统的效率和可持续性。政府的政策规划很大程度上推动了北京绿色供热领域的发展，吸引了企业和社会各界投资和参与相关项目。

2. 城市供热规划的演变

北京的城市供热规划一直在不断演变，以适应城市发展和环境保护的需求。过去，供热系统主要依赖于传统的燃煤供热方式，但随着时间的推移，政府认识到这种方式带来的环境问题和能源浪费。因此，城市供热规划经历了从传统供热向清洁能源供热的转变。政府不断更新规划，推动供热系统的升级和改造，以提高效率、减少污染，并更好地满足市民的需求。

3.政策工具与激励机制

政府在推动绿色供热时采用了多种政策工具并落实了多种激励机制。这些工具包括财政奖励、税收优惠、补贴政策以及对推广环保技术和设备的支持。政府还建立了监管框架，制定了严格的环保标准和能效要求，以确保供热企业合规运营。此外，政府还鼓励企业和研究机构进行技术创新，推动绿色供热技术的发展和应用。

7.2.2　供热系统的综合优化

在寒冷地区，如北京这样的城市，供热系统的综合优化是至关重要的，它能提高供热系统的效率、可靠性和可持续性。下面将深入讨论北京在供热系统的综合优化方面所采取的措施，包括供热源的多元化、系统效率的提升措施以及需求侧管理与用户参与等方面。

1.供热热源的多元化

为了提高供热系统的可靠性和可持续性，北京采取了使用多元化供热源的策略。传统上，城市供热主要依赖于燃煤锅炉，但这种方式会带来环境污染和能源浪费的问题。因此，北京市政府鼓励引入清洁能源供热，包括天然气、生物质能源、地热能源和太阳能等。多元化的供热源不仅有助于降低碳排放，还提高了供热系统的抗干扰能力，提高了供热的可用性。多元化的供热源也有助于缓解人们对某一种能源的过度依赖，降低了能源供应风险。

2.系统效率的提升措施

为了提高供热系统的效率，北京采取了一系列措施。首先，对供热设备进行了技术升级，以提高能源利用率和热效益。其次，通过改进管道网络设计和热交换技术，减少了能源在输送和传递过程中的损失。第三，采用智能供热控制系统，实时监测和调整供热参数，以确保系统在各种气候条件下都能高效运行。这些措施不仅提高了供热系统的效率，还降低了能源消耗和运营成本。

3. 需求侧管理与用户参与

需求侧管理是一种关键的策略,它通过引导用户合理使用供热资源,进一步提高供热系统的效率。北京市政府通过宣传教育、智能计量和价格激励等手段,鼓励居民和企业节约能源,降低供热峰值负荷。同时,政府鼓励用户参与供热系统的运营和管理,并建立了用户反馈机制,使用户的需求和反馈能够及时传达给供热运营商。用户参与不仅提高了供热系统的灵活性,还提高了用户对供热服务的满意度。

7.2.3　案例研究与经验分享

随着全球对气候变化关注的日益增加,可持续能源成为城市发展的关键。北京市,作为中国的首都,面临着严峻的环境保护和能源转型方面的挑战。特别是在供暖领域,传统的以煤为主的供暖方式,不仅会对环境造成巨大压力,还会影响市民的生活质量。为应对这些挑战,北京市启动了多能源协同供热项目,通过引入可再生能源,实现供热系统的低碳转型。

北京市的可再生能源供暖项目是其绿色供热创新的核心。根据 2022 年 10 月份发布的《北京市碳达峰实施方案》,这些项目采用的技术类型包括再生水源热泵、浅层地源热泵以及中深层地热利用。项目涉及多个区域,包括通州、海淀、顺义、昌平、大兴,以及延庆等地,总供热面积达 285.54 万平方米。有的项目以再生水作为热源,通过热泵设备将低温热能转换成高温热能。例如,中关村东升科技园二期的再生水源热泵供热制冷工程,为园区内的企业提供制冷供热服务,大幅度减少了对传统能源的使用,降低了碳排放。有的项目在地下埋设管道,利用地下的温度差来提供供暖或制冷服务。例如,永丰产业基地(新)J 地块能源站项目,就是通过布置大量的地热孔,实现了高效的热能交换。有的项目直接利用地下深层的地热资源来提供供暖服务。例如,北京城市副中心 0701 街区地热供暖试点示范工程,就展示了深层地热在城市供暖中的应用潜力。这些项目每年预计能实现可再生能源利用量 3.36 万吨,减少二氧化碳排放 4.08 万吨、氮氧化物排放 609.26 吨。这对改善空气质量、推动生态文明建设具有重要意义。

北京市的这一举措不仅在环保上起到了重要作用,还吸引了社会投资,拉动了相关产业的发展。这些项目均为市政府固定资产投资引导，有效地吸引了社会资本。北京市多能源协同供热项目的成功实施，标志着城市供热系统向低碳、高效、可持续的方向转型。《北京市"十四五"时期能源发展规划》提出的目标——到 2025 年，新增可再生能源供热面积 4500 万平方米，其中包括中深层地热能供暖面积、浅层地源热泵供暖面积以及再生水源热泵供暖面积——展示了北京市对可持续能源发展的坚定承诺。

7.3 上海：夏热冬冷地区高效供热的新技术与应用

在夏热冬冷的地区，如上海，高效供热技术的应用和创新显得尤为重要。本节将深入探讨影响上海地区，供热需求的因素，包括地区气候特征、供热与制冷的一体化需求以及用户行为对能源消费模式的影响。同时，笔者将探索创新供热技术，包括新型供热技术的介绍、能源效率的最大化策略以及供热系统的智慧化改造等内容。此外，供热项目的实施与评价以及供热服务的市场化也是本章的重点内容，涉及项目规划、实施监控、效果评价，以及供热市场的发展趋势和服务模式的创新等内容。

7.3.1 供热需求的特殊性

在上海这样夏热冬冷的地区，供热需求受多种因素影响，尤其是地区气候特征、供热与制冷的一体化需求，以及用户行为对能源消费模式的影响等因素。

1. 地区气候特征分析

上海的气候特征对供热需求产生了显著影响。该地区属于亚热带季风气候，夏季炎热潮湿，冬季寒冷干燥。这种气候特征要求供热系统能够灵活应对季节性温度变化，尤其是在冬季。上海冬季的低温期通常较短，但对室内舒适度和能源效率有较高要求。因此，供热系统需要具备高效的热能调节能力，以适应这种快速变化的气候条件。

2. 供热与制冷的一体化需求

由于上海夏季和冬季的温差较大，供热与制冷的一体化需求日益显著。这种一体化系统不仅能提高能源利用效率，还能降低设备安装和维护成本。一体化系统通过集成热泵、地热能源等技术，实现了夏季制冷和冬季供热的双重功能。这种系统的优势在于能够根据季节变化自动调节运行模式，从而保证能源的最优利用。

3. 用户行为与能源消费模式

用户行为在很大程度上影响了能源消费模式。在上海，居民和商业用户对能源的需求随着季节、时间和经济活动的变化而变化。例如，冬季家庭供热需求的增加会导致能源消费的显著上升。此外，随着生活水平的提高，人们对室内舒适度的要求也在不断增加，这进一步提升了人们的能源消费水平。因此，了解和预测用户行为对优化能源分配和提高能源效率至关重要。

7.3.2　创新供热技术的探索

在上海这样的夏热冬冷地区，探索创新供热技术是提高能源效率和满足日益增长的供热需求的关键。这包括引入新型供热技术、实施能源效率最大化策略以及对供热系统进行智慧化改造等内容。

1. 新型供热技术介绍

发展和应用新型供热技术是应对能源挑战的重要途径。其中，地源热泵供热、太阳能供热和空气源热泵技术等成为热点。地源热泵供热利用地下的热能为建筑提供暖气和热水，具有能源利用效率高、环境影响小的优点。太阳能供热则通过太阳能集热器收集太阳能，并将之转化为热能用于供热，这种方式既环保又可再生。空气源热泵技术通过吸收外界空气中的热量供热，尤其适用于冬季温度不是特别低的地区，如上海。

2. 能源效率的最大化策略

提高能源效率是实现可持续供热的关键。这包括优化供热系统的设计、提高设备效率和实施能源管理措施。例如，使用高效的锅炉和热交换器，可以显著提高能源转换效率。此外，通过选择智能调节系统，如温度控制和需求响应技术，人们可以根据实际需求调整能源使用，从而减少浪费。人们还可以通过对建筑物的热绝缘改造，减少热能损失，进一步提高能源效率。

3. 供热系统的智慧化改造

智慧化改造是提升供热系统性能的重要途径。通过引入物联网技术、大数据分析和人工智能，人们可以实现对供热系统的实时监控和智能调控。例如，安装智能传感器和计量设备之后，人们可以实时监测供热系统的运行状态和能源消耗情况。利用大数据分析技术，人们可以对供热系统的数据进行深入分析，预测供热需求，优化能源分配。此外，人工智能技术可以用于自动调节供热系统的运行参数，提高系统的响应速度和效率。

7.3.3　供热项目的实施与评价

在上海这样的夏热冬冷地区，供热项目的有效实施和评价对于确保能源效率和满足供热需求十分重要。下面是对供热项目实施与评价的详细探讨。

1. 项目规划与设计

供热项目的规划与设计是整个项目成功实施的基础。这一阶段需要综合考虑地区气候特征、用户需求、技术可行性和经济效益。首先，项目规划应基于对地区气候和用户供热需求的深入分析，确保设计方案能有效应对极端天气条件并满足不同用户的需求。其次，技术选择上应考虑最新的供热技术，如高效锅炉、热泵系统、太阳能供热等，同时考虑其与现有能源系统的兼容性。此外，项目设计还应包括能源效率优化措施内容，如建筑物热绝缘、智能温控系统等。最后，经济分析是不可或缺的一部分，包括成本估算、投资回报分析和资金筹集计划。

2. 实施过程与监控

供热项目的实施过程需要严格的管理和监控，以确保项目按计划进行，并达到预期目标。项目管理团队应具备跨学科的专业知识，能够有效协调不同阶段的工作，如施工、设备安装和调试。在实施过程中，重要的是确保所有施工活动符合设计规范和安全标准。此外，对项目进度和质量的监控是十分重要的，人们需要定期检查和评估，以便及时发现问题并采取纠正措施。同时，利用现代信息技术，如项目管理软件和物联网设备，可以实现实时监控和数据分析，提高项目管理的效率和效果。

3. 项目效果的评价方法

项目完成后，对其效果进行全面评价是关键。评价方法应包括技术性能评估、经济效益分析和环境影响评估。技术性能评估主要关注供热系统的运行效率、可靠性和维护需求。经济效益分析则涉及项目的运营成本、节能效果和投资回报率。环境影响评估则关注项目对当地环境的影响，包括减排效果和对生态系统的影响。此外，用户满意度调查也是评价项目效果的重要方面，可以通过问卷调查、访谈等方式收集用户对供热服务的反馈。最后，项目评价结果应被应用于未来项目的规划和设计中，以不断提高供热项目的质量和效率。

7.3.4 供热服务的市场化

在当前的能源和环境背景下，供热服务的市场化成为一个重要议题。

1. 供热市场的发展趋势

供热市场正在经历变革，主要体现在技术创新、政策支持和消费者需求的变化等方面。技术层面，新型供热技术，如地源热泵供热、太阳能供热和热泵技术的发展，为市场提供了更多选择。政策方面，许多地区的政府正在推动供热行业的绿色转型，通过立法和补贴支持可再生能源供热发展。此外，消费者对环境友好型供热服务的需求日益增长，这些都会促使供热服务提供商不断创新以满足市场需求。这些趋势共同推动着供热市场向更高效、更环保的方向发展。

2. 服务模式的创新

市场化的推进使人们不断创新供热服务模式，其中一种趋势是服务提供商开始提供更加个性化和灵活的供热解决方案，以满足不同用户的具体需求。例如，一些公司提供基于用户实际使用情况的计费模式，而不是传统的固定费率。此外，随着智能家居技术的发展，供热服务开始整合智能温控系统，以提高能源效率和用户体验。还有一些服务模式开始融合供热与制冷，提供一体化的温度控制解决方案。这些创新不仅提高了服务质量，还为供热市场带来了新的增长点。

3. 市场化进程中的问题与对策

尽管供热服务市场化获得了许多机遇，但人们也面临着一系列挑战。首先，市场化过程中的监管问题不容忽视。例如，如何确保供热服务的质量和价格的公平性，是一个关键问题。对此，政府需要制定相应的监管政策和标准，确保市场健康发展。其次，技术创新与现有基础设施的融合也是一个挑战。为了解决这个问题，人们需要加大对老旧供热系统改造的投资，并推动技术标准的统一。最后，市场化进程中的资金问题也不容忽视。这一问有要多种解决方法，包括争取政府补贴、吸引私人投资和进行金融创新等。

7.4 新疆：西部地区可再生能源供热的创新实践

新疆地区，作为中国西部的重要组成部分，正积极探索利用丰富的可再生能源进行供热的创新实践。这一地区特有的地理和气候条件，为太阳能、空气源热泵等可再生能源的应用提供了独特的优势。本节将深入探讨新疆在可再生能源供热方面的地区特点、案例分析及其社会经济影响，展示该地区在推动可再生能源供热方面的努力和成果，以及这些实践对地区经济、社会和环境的深远影响。通过这些分析，人们可以更好地理解新疆在可再生能源供热领域的创新路径和未来发展潜力。

7.4.1　地区特点与能源结构

新疆，位于中国西北边陲，拥有独特的地理和气候特征。这一地区不仅是中国重要的能源基地，还是我国可再生能源发展的重要前沿。在全球气候变化和碳中和目标的大背景下，新疆的能源结构和利用方式正在经历深刻的变革。

1. 新疆的能源资源概况

新疆拥有丰富的能源资源，包括煤炭、石油、天然气等传统能源，以及太阳能、风能等可再生能源。资源的丰富性为新疆的能源结构提供了多元化的可能性。然而，长期以来，新疆的能源开发更多地侧重于传统能源，尤其是煤炭的开采和使用。这不仅导致了能源结构的单一化，还带来了环境污染和生态破坏的问题。

2. 可再生能源在供热中的应用

近年来，新疆开始重视对可再生能源的开发利用，特别是在供暖领域。太阳能和风能的推广在新疆具有天然的优势，尤其是太阳能，由于新疆阳光充足，太阳能供暖和光伏发电具有巨大的发展潜力。此外，空气源热泵技术也在新疆的供暖领域得到了推广应用，这种技术能有效利用空气中的热能，为建筑的供暖和制冷提供能源。

3. 能源结构的优化路径

新疆的能源结构优化是一个复杂的系统工程，需要综合考虑资源禀赋、环境保护、经济发展和社会需求等多方面因素。首先，加大对可再生能源的投入和开发，特别是太阳能和风能，这不仅能减少对传统化石能源的依赖，还能减少环境污染。其次，推动能源消费的多元化，鼓励和支持清洁能源在工业、交通、居民生活等多个领域的应用。最后，加强能源科技创新，提升能源利用效率，推动能源生产和消费的绿色转型。

7.4.2　可再生能源供热的案例分析

在全球气候变化和能源危机的双重压力下，可再生能源已成为世界各国关注的焦点。特别是在供热领域，可再生能源的推广应用不仅有助于减少温室气体排放，还能提高能源利用效率，促进可持续发展。下面是对可再生能源供热案例的深入分析。

1. 典型可再生能源项目

新疆地区，以其独特的地理位置和丰富的太阳能资源，成为建设可再生能源项目的理想地。例如，新疆某太阳能供暖项目，该项目利用太阳能集热器捕获太阳能，并通过热交换系统将热能传递给建筑内的供暖系统。这一项目不仅减少了对传统化石燃料的依赖，还显著降低了能源成本和环境污染。此外，该项目还采用了先进的太阳能跟踪系统，最大限度地提高了太阳能的利用效率。

2. 技术应用与运行管理

对新技术的应用和运行管理是可再生能源项目成功的关键。在新疆的太阳能供暖项目中，项目管理方采用了一系列高效的技术和管理措施。例如，项目采用了高效的太阳能集热板，这些集热板具有良好的热吸收性能和低热损失特性。同时，项目管理方还建立了一个集中监控系统，实时监控太阳能集热器的运行状态，确保系统的高效稳定运行。此外，人们还定期进行设备维护和检修，确保供暖系统的长期稳定运行。

3. 经济与环境效益

可再生能源供暖项目在经济和环境效益方面表现出色。例如，新疆的某太阳能供暖项目大幅降低了能源成本，相比于传统的煤炭供暖，太阳能供暖的运行成本更低，且几乎没有维护费用。从环境效益来看，太阳能供暖不产生任何温室气体排放，有助于减少空气污染并减缓气候的变化。此外，太阳能供暖还减少了对传统能源的依赖，有助于提高能源安全性。

7.4.3　社会经济影响

可再生能源供热项目不仅是一项技术创新，还是推动社会经济发展的重要动力。这些项目在提高能源效率、减少环境污染的同时，对地区经济、社会接受度、参与度以及社会影响产生了深远的影响。

1. 供热项目对地区经济的推动作用

可再生能源供热项目对地区经济的推动作用显著。例如，新疆地区太阳能供暖项目的实施，不仅减少了对传统能源的依赖，还促进了当地可再生能源产业的发展。这些项目的实施带动了一系列相关产业的发展，如太阳能设备制造、安装维护服务、技术研发等产业，为当地创造了大量就业机会。此外，随着项目的推广，当地还吸引了更多的投资，促进了当地经济的多元化发展。这些项目还带来了税收收入的增加，为地方政府增加了更多的财政资源，有助于当地基础设施和公共服务的提升。

2. 社会接受度与参与度

可再生能源供热项目的成功实施，需要社会各界的广泛接受和参与。在新疆等地区，太阳能供暖项目得到了居民和企业的广泛支持。随着人们环保意识的提高和对可再生能源优势的认识，越来越多的居民愿意接受并使用这种新型供暖方式。此外，政府的政策支持和补贴也极大地提高了社会对这些项目的接受度。企业和居民的积极参与，不仅推动了技术的创新和应用，还使当地形成了良好的市场，促进了可再生能源产业的健康发展。

3. 供热项目的社会影响评价

可再生能源供热项目对社会的影响是多方面的。首先，这些项目提高了居民的生活质量。更加清洁、高效的供暖方式，减少了空气污染和温室气体排放，改善了居民的居住环境。其次，这些项目还有助于提高公众对可再生能源和环境保护的认识。通过参与教育和宣传活动，居民对可再生能源的认识和接受度不断提高。最后，这些项目还促进了社会公平。通过为偏远地区和经济不发达地区提供可靠的供暖服务，可再生能源供热项目减少了地区之间的发展差距，促进了社会的整体和谐发展。

7.5 贵阳：高原地区绿色供热的新技术与策略

贵阳，作为一个典型的高原城市，面临着独特的供热挑战。高原气候的特殊性使其供热需求具有独特的季节性和强度变化特点，同时地形的复杂性也对供热技术的选择和应用提出了更高的要求。在这样的背景下，贵阳市的绿色供热技术和策略的探索，不仅关注对本地可再生能源的有效利用，还包括适应高原特点的供热技术开发和供热网络的优化设计。这些措施的实施，不仅在经济上可行，还在社会效益和公众参与度上产生了积极的影响，为地区的可持续发展提供了新的动力。

7.5.1 地理与气候特征对供热的影响

在探讨贵阳市高原地区供热的地理与气候特征及其影响时，笔者深入分析了高原气候对供热需求的特殊影响、地形对供热技术选择的制约以及气候适应型供热技术的开发等内容。这些因素共同塑造了贵阳市在供热方面的独特需求和解决方案。

1. 高原气候对供热需求的特殊影响

高原气候的主要特点包括昼夜温差大、冬季寒冷和夏季凉爽。在贵阳，这种气候特征导致了供热需求存在季节性变化和强度方面的特点。冬季，由于低温和供暖季节较长，居民和商业建筑对供暖的需求显著增加。昼夜温差大意味着供暖系统需要快速响应温度变化，以保持室内温度的舒适和稳定。此外，高原地区的低气温也对供暖系统在效率和可靠性方面提出了更高的要求。因此，供暖系统不仅需要能够有效地提供足够的热量，还要能够适应高原气候的特殊性，如保证低温下的运行效率和可靠性。

2. 地形对供热技术选择的制约

贵阳的地形以山地和高原为主，这对供热技术的选择和布局提出了特殊的要求。山地和高原地区地形复杂,不仅影响了供热管网的布局和建设成本,还对供热方式的选择产生了影响。例如,地热供暖在平坦地区可能是一个有效的选择,但在多山的地形中可能不可行或成本过高。此外,地形的复杂性也要求供暖系统具有更高的适应性和灵活性,以应对不同地区的地理特征。因此,在选择和实施供热技术时,人们必须考虑到地形对供热系统设计、建设和运行的影响。

3.气候适应型供热技术的开发

由于贵阳高原地区的特殊气候和地理条件,开发适应当地气候的供热技术尤为重要。这包括利用当地可再生能源,如太阳能和生物质能,以及开发高效的供暖设备和系统。例如,实施太阳能供暖系统可以充分利用贵阳地区丰富的太阳能资源,减少人们对传统化石燃料的依赖。同时,考虑到高原地区昼夜温差大的特点,开发具有高效储热能力的供暖系统也十分重要,以确保夜间供暖的连续性和效率。此外,生物质供暖作为一种可再生能源,可以有效利用当地农林业废弃物,不仅减少环境污染,还能提供稳定的热能供应。因此,开发适应高原气候特征的供热技术,不仅能满足当地的供暖需求,还能促进能源的可持续利用和环境保护。

7.5.2　绿色供热技术的本土化实践

贵阳市在高原地区绿色供热技术的本土化实践中实现了环境友好发展和可持续发展的承诺。这一实践包括本地可再生能源的利用、适应高原特点的供热技术的开发,以及地区供热网络的优化设计等内容。这些措施不仅提高了能源效率,还促进了地区经济的可持续发展,同时减少了对环境的影响。

1.本地可再生能源的利用

贵阳市作为一个拥有丰富可再生能源资源的地区,正在积极利用太阳能、风能和生物质能等资源,实施绿色供热举措,为当地的可持续发展和环保事业的发展打下了坚实的基础。太阳能是一种在贵阳市得到广泛应用的可再生能源。贵阳地处亚热带高原地区,阳光充足,具有丰富的太阳能资源。太阳能供暖系统的广泛安装使贵阳市能够在供热领域减少对传统的化石燃料的依赖。这不仅有助于减少能源的进口依赖，还降低了能源成本，使供热更加经济高效。与传统供热系统相比，太阳能供暖系统在运行过程中几乎没有排放温室气体，这显著降低了贵阳市的碳足迹，有助于改善空气质量和应对气候变化。生物质能源也在贵阳市的供热领域发展中发挥着重要作用。贵阳周边地区有丰富的农业废弃物和林业副产品资源，这些资源可以被用于生物质能源的生产。通过将这些废弃物和副产品转化为生物质燃料，贵阳市建立了生物质供暖系统，为供热提供了可再生的、环保的能源。生物质供热不仅有助于减少废弃物的排放和处理成本，还为农村地区提供了额外的收入来源，促进了农业和林业的可持续发展。这些对本地可再生能源的积极利用，不仅改善了当地能源结构，减少了人们对传统化石燃料的依赖，还提高了当地的能源自给自足率。同时，通过减少温室气体排放，这些举措有助于改善环境质量，减缓气候变化。此外，可再生能源的开发和利用还为当地经济带来了新的机会，促进了就业和产业的发展。综合来看，本地可再生能源的充分利用为贵阳市的绿色供热实践提供了坚实的基础，为当地可持续发展和环保事业作出了积极贡献。

2.适应高原特点的供热技术

贵阳市的供热技术创新是与高原地区的特殊气候和地理条件紧密相关的。在这里，供热系统需要适应低温和大温差的环境。例如，高效的热泵技术在低温环境下仍能保持高效运行，是高原地区理想的供热选择。此外，地热供暖作为一种高效且可持续的供热方式，在贵阳也得到了广泛应用。地热供暖不仅能够利用地下的热能资源，还能显著减少对环境的影响。此外，贵阳还开发了一系列适应高原气候的供热设备，如改良的太阳能集热器和高效的生物质锅炉，这些技术和设备的应用进一步提高了供热系统的效率和可靠性。

3.地区供热网络的优化设计

贵阳市在供热网络的优化设计方面也取得了显著成就。通过采用先进的供热网络设计和管理技术，贵阳有效提高了供热系统的整体效率和可靠性。例如，采用分布式供热系统，可以根据不同地区的需求灵活调整供热量，从而提高能源利用效率。此外，通过引入智能供热管理系统，贵阳能够实时监控供热网络的运行状态，及时发现并解决问题，确保供热系统的稳定运行。这些优化措施不仅提高了供热效率，还降低了运营成本，为贵阳市的绿色供热实践提供了坚实的技术支持。

7.5.3　经济与社会效益的综合评估

贵阳市在高原地区实施的绿色供热项目不仅是一项技术创新，还是对可持续发展理念的深入实践。这些项目在提高能源效率和减少环境影响的同时，带来了显著的经济和社会效益。下面是对贵阳市绿色供热项目的经济可行性、社会效益及其对地区发展的推动作用的深入分析。

1. 供热项目的经济可行性分析

贵阳市的绿色供热项目在经济上的可行性体现在多个方面。首先，这些项目通过利用本地的可再生能源，如太阳能和地热能，显著降低了能源成本。这些能源资源的广泛应用减少了对昂贵的化石燃料的依赖，从而降低了长期运营成本。其次，政府对绿色供热项目的资金支持和税收优惠政策进一步提高了这些项目的经济吸引力。此外，随着技术的成熟和规模化生产的推广，绿色供热设备的成本正在逐渐降低，这进一步提高了项目的经济可行性。最后，绿色供热项目还带动了当地相关产业的发展，如太阳能板和热泵设备的制造产业，这些产业的发展不仅创造了就业机会，还促进了地区经济的多元化发展。

2. 社会效益与公众参与度

绿色供热项目也为贵阳市带来了显著的社会效益。这些项目通过提供更加清洁和高效的供热服务，改善了居民的生活质量。清洁的供热方式的应用减少了空气污染，改善了城市环境，从而提高了居民的健康水平。此外，绿色供热项目的实施还提高了公众对可持续发展和环境保护的认识。通过参与各种公共教育活动，如开放日和研讨会，居民对绿色能源的认识得到了提升，这增强了公众对这些项目的支持和参与度。此外，绿色供热项目还为当地居民提供了新的就业机会，如设备安装、维护和运营方面的岗位，这些就业机会不仅提高了居民的生活水平，还增强了社区的凝聚力。

3. 绿色供热对地区发展的推动作用

贵阳市的绿色供热项目对地区发展产生了深远的影响。首先，这些项目通过提高能源效率和减少环境污染，推动了贵阳市向低碳、绿色和可持续的发展模式的转型。这种转型不仅提高了城市的生活质量，还提升了城市的整体形象，吸引了更多的投资和人才。其次，绿色供热项目的实施推动了当地清洁能源产业的发展。这些产业的发展不仅创造了经济价值，还提高了地区的能源安全和自给自足能力。此外，这些项目还促进了技术创新和知识的传播，为其他地区提供了宝贵的经验和示范。最后，绿色供热项目还加强了地区间的合作和交流，通过分享经验和技术，促进了区域内的可持续发展。

第 8 章　结论与展望

在探索绿色供热的旅程中,笔者已经深入探讨了其综合效益、技术创新的必要性以及多能源协同供热的未来前景。本章将总结这些发现,并展望绿色供热的未来发展趋势与方向。笔者将探讨绿色供热未来将面临的挑战和应对策略,以及如何通过行业协作、公众参与和政策优化来推动绿色供热的可持续发展。本章旨在提供一个全面的视角,回顾学习成果,也为未来的探索指出方向。

8.1　结论

结论部分将综合性地回顾绿色供热领域的主要内容。笔者将对比分析传统供热与绿色供热的效益,深入探讨绿色供热技术对环境和经济的影响,并评估其对社会可持续发展的贡献。此外,笔者还将强调技术创新和政策支持在推动绿色供热发展中的重要性,并探讨多能源协同供热的前景,旨在为读者提供一个清晰、全面的总结,强调绿色供热在现代社会中的重要性和潜在影响。

8.1.1　绿色供热的综合效益

在探讨绿色供热的综合效益时,人们必须从多个维度进行分析。这不仅包括对比传统供热与绿色供热的效益,还涉及绿色供热技术对环境和经济的影响,以及其对社会可持续发展的贡献。通过这种全面的视角,人们才能更深入地理解绿色供热在现代社会中的重要性和潜在价值。

1. 对比分析传统供热与绿色供热的效益

传统供热系统，如燃煤或燃气锅炉，是长期以来全球供热的主流方式。然而，这些系统的主要缺点是对环境造成负面影响，包括带来高碳排放和空气污染。相比之下，绿色供热技术，如太阳能供热、地源热泵供热和空气源热泵技术，为人们提供了更清洁、更可持续的供热解决方案。这些技术的效益不仅体现在显著降低的温室气体排放和空气污染物排放方面，还包括长期的能源成本节约方面。虽然绿色供热技术的初始投资可能高于传统系统，但其运行成本较低，且能源价格波动对其影响较小。

2. 绿色供热技术的环境与经济影响

绿色供热技术对环境的积极影响是显而易见的。通过减少化石燃料的使用，这些技术有助于减少温室气体排放和空气污染，从而减缓气候变化和改善空气质量。经济上，绿色供热技术能够减少对化石燃料的依赖，降低能源成本，并创造新的就业机会。此外，随着技术的进步和规模化生产，绿色供热设备的成本正在逐渐降低，这使其成为更具成本效益的选择。

3. 绿色供热对社会可持续发展的贡献

绿色供热技术对社会可持续发展的贡献不容忽视。首先，它们提供了一种环境影响较小的供热方式，有助于使生活环境更清洁、更健康。其次，这些技术的推广和应用有助于提高公众对可持续能源的认识和接受度，促进人们环保意识的提升。最后，绿色供热技术的发展和应用也是实现全球气候目标的关键步骤，对推动全球向低碳、可持续的未来转型具有重要意义。

8.1.2 技术创新与政策支持的重要性

绿色供热的发展不仅依赖于技术创新，还受政策支持的深刻影响。技术的进步为绿色供热提供了实现的可能性，而政策的引导和支持则是推动这一领域发展的关键动力。下面将深入探讨技术进步在绿色供热中的作用，政策环境对其发展的影响，以及与绿色供热发展相关的政策建议。

1. 技术进步在推动绿色供热中的作用

技术创新是推动绿色供热发展的核心动力。随着新技术的不断涌现，绿色供热的效率和可行性得到了显著提升。例如，太阳能供热技术效率的提升和成本的降低，使太阳能成为更多地区的供热选择。同样，地源热泵供热和空气源热泵技术的进步也极大地扩展了其应用范围和效能。此外，智能供热系统的发展，如使用先进的传感器和控制技术，使供热系统更加高效和用户友好。这些技术进步不仅提高了绿色供热的性能，还降低了其成本，使其成为更具吸引力的选择。

2. 政策环境对绿色供热发展的影响

政策环境在绿色供热的发展中扮演着至关重要的角色。政府的支持政策，如补贴、税收优惠和法规标准，对促进绿色供热技术的研发、推广和应用至关重要。例如，通过提供财政补贴和税收减免，政府可以降低绿色供热技术的初始投资成本，从而提高其市场竞争力。此外，制定相关的环境和能效标准可以推动绿色供热技术的发展和创新，保障消费者利益。政策的制定还需要考虑到地区特性，确保绿色供热解决方案适应当地的气候、经济和社会条件。

3. 与绿色供热发展相关的政策建议

为了进一步推动绿色供热的发展，人们需要制定和执行一系列有效的政策措施。首先，政府应加大对绿色供热技术研发的投资，鼓励创新和技术突破。其次，政府应制定鼓励绿色供热应用的经济激励措施，如补贴和税收优惠。此外，建立和完善绿色供热标准和认证体系，可以确保技术应用和系统的质量。政府还应采取措施，提高公众对绿色供热的认识和接受度，如通过组织教育和宣传活动提高公众对绿色供热的了解。最后，政策制定者应与行业专家、科研机构和公众紧密合作，确保政策的有效性和适应性。

8.1.3　多能源协同供热的前景

在设计高效和可持续供热解决方案的过程中，多能源协同供热系统展现出了巨大的潜力。这种系统通过整合多种能源形式，优化了能源利用效率，同时减少了环境影响。笔者将探讨多能源协同供热的潜力与挑战、系统的优化与创新以及其发展趋势，为理解这一领域的未来发展提供一种见解。

1. 多能源协同供热的潜力与挑战

多能源协同供热系统通过结合不同能源类型，如太阳能、风能、生物质能和传统化石燃料，提高了整体能源利用效率。这种多元化的能源组合方式可以根据不同能源的可用性和成本效益进行调整，从而提高系统的灵活性和可靠性。然而，实施这种协同供热系统面临诸多挑战。首先，不同能源类型的集成需要配置复杂的管理和控制系统，以确保各能源的有效协调。其次，经济性是一个重要考虑因素，因为这种系统的初始投资通常较高。此外，技术的不成熟和标准化不足也是推广多能源协同供热系统的障碍。

2. 协同供热系统的优化与创新

为了克服这些挑战，协同供热系统的优化和创新至关重要。系统优化涉及能源管理策略的改进，如采用智能控制系统来动态调整不同能源的使用，以提高能效和减少成本。创新方面，可以考虑开发新型高效能源转换设备，如更高效的热泵和先进的热储存技术。利用大数据和人工智能技术进行能源管理和预测，可以进一步提高系统的效率和响应能力。这些技术创新不仅提高了协同供热系统的性能，还有助于降低成本，使其更具吸引力。

3. 多能源协同供热的发展趋势

多能源协同供热的发展趋势为更高效、更可持续。随着技术的进步和成本的降低，可再生能源在多能源协同供热系统中的比重将会逐渐增加。同时，随着人们环境保护意识的提高和政策的支持，多能源协同供热将成为更多城市和地区供热系统的首选。此外，随着智能技术和物联网的发展，未来的多能源协同供热系统将更加智能化和自动化，能够实现更高效的能源管理，带来更好的用户体验。

8.2　展望

在探索绿色供热的未来路径中，人们面临着多重挑战和无限机遇。本节将深入探讨绿色供热技术的未来发展，包括技术创新、市场潜力以及供热系统设计的新理念等方面。同时，本节将分析发展绿色供热面临的主要挑战，如技术限制、经济压力、政策环境，以及应对气候变化的策略。最后，本节将提出推动绿色供热发展的行动建议，强调行业协作、公众参与和政策制定的重要性，为绿色供热的未来描绘出一条可持续发展路径。

8.2.1　未来发展的趋势与方向

随着全球对可持续能源解决方案需求的日益增长，绿色供热技术正面对着前所未有的发展机遇。本节将深入探讨绿色供热技术的未来发展趋势、供热行业的市场潜力以及未来供热系统设计的新理念。通过对这些关键领域的分析，人们可以更好地理解绿色供热技术将如何塑造未来的能源景观。

1. 绿色供热技术的发展趋势

绿色供热技术的未来发展趋势显示出明显的创新和多样化特点。随着科技的进步，新型高效能源转换技术，如高效热泵和太阳能热水系统，正在不断涌现。这些技术的关键优势在于它们能够更高效地利用可再生能源，同时减少对环境的影响。此外，智能供热系统的发展也是一个重要趋势。通过集成先进的传感器和控制技术，这些系统能够实现更精确的温度控制和能源使用优化，从而提高能效和用户舒适度。

2. 供热行业的市场潜力与发展方向

供热行业市场潜力巨大，特别是在可再生能源和绿色技术方面。随着全球对减少碳排放和实现可持续发展目标的关注的不断增加，对绿色供热解决方案的需求预计将持续增长。此外，政府的支持政策和补贴也为绿色供热技术的商业化提供了强大的推动力。在发展方向上，市场正逐渐从传统的化石燃料供热转向更加环保、高效的可再生能源供热，如太阳能、地热能和生物质能。

3. 面向未来的供热系统设计理念

未来的供热系统设计理念将更加注重可持续性和用户体验。一方面，设计师和工程师正努力开发出更加环保、节能的供热系统，这些系统能够最大限度地减少能源浪费并优化能源使用效率。另一方面，未来的供热系统将更加智能和用户友好。通过集成先进的物联网技术，这些系统不仅能够自动调节室内温度，还能根据用户的实际需求和偏好进行个性化设置。此外，未来的供热系统还将更加重视与其他家庭或建筑自动化系统的集成，实现更全面的智能家居体验。

通过对这些关键领域的深入分析，人们可以看到，绿色供热技术正处于快速发展之中，其未来充满了无限可能。随着技术的不断进步和市场需求的增长，绿色供热将在全球能源转型中扮演越来越重要的角色。

8.2.2　面临的挑战与应对策略

绿色供热作为可持续能源体系的重要组成部分，在推动能源转型和应对气候变化方面发挥着关键作用。然而，这一过程并非没有挑战。本节将探讨绿色供热在技术、经济和政策方面面临的主要挑战，分析可用于应对气候变化的供热策略，并探讨绿色供热的可持续发展路径。

1. 技术、经济与政策方面的主要挑战

绿色供热技术的发展和推广面临着多方面的挑战。技术层面上，虽然绿色供热技术在不断进步，但其在效率、成本和可靠性方面仍有待提高。例如，空气源热泵系统在极端气候条件下、地源热泵在常年冷（热）堆积的情况下，其性能可能会受到影响。经济层面上，绿色供热项目的初始投资通常较高，这对许多消费者和企业来说是一个重要的影响因素。此外，政策层面上，虽然许多国家已开始推行支持绿色供热的政策，但这些政策的实施效果和持续性仍存在不确定性。

2. 应对气候变化的供热策略

气候变化对供热系统的设计和运行提出了新的要求。为了应对气候变化，供热系统需要更加灵活和有更强的适应性，以应对气候条件的变化和极端天气事件的发生。此外，绿色供热系统应更多地利用可再生能源，如太阳能、风能和生物质能，减少对化石燃料的依赖。同时，提高能源效率和优化能源管理也是关键，如使用智能供热系统实现更精确的能源控制和分配等。

3. 绿色供热的可持续发展路径

为了实现绿色供热的可持续发展，人们需要综合考虑技术创新、经济可行性和社会接受度。首先，技术创新应聚焦于提高绿色供热系统的效率和可靠性，同时降低成本。这包括开发更高效的热泵技术、改进太阳能集热器的设计以及探索新的可再生能源利用方式。其次，经济可行性是推广绿色供热的关键。这不仅需要政府的财政支持和激励措施，还需要推动规模化生产和技术创新来降低成本。最后，提高公众对绿色供热重要性的认识和接受度也很重要。这需要组织教育和宣传活动来提升公众的可持续发展意识和环境保护意识，同时鼓励社会各界参与到绿色供热项目的规划和实施中。

8.2.3 推动绿色供热的行动建议

在全球范围内推动绿色供热发展的过程中，行动建议的制定至关重要。这些建议不仅涉及技术层面，还包括行业合作、公众参与和政策制定等多个方面。有效的行动建议能够为绿色供热的发展提供明确的方向和支持，从而促进能源转型和环境保护目标的达成。

1. 行业协作与知识共享的重要性

行业协作和知识共享是推动绿色供热技术发展和广泛应用的关键因素。开展行业内部的合作，可以促进技术创新和经验交流，加速新技术的研发和市场化进程。例如，供热设备制造商、能源公司和研究机构可以共同开发更高效、更环保的供热系统。此外，知识共享对提高整个行业的技术水平和运营效率至关重要。通过共享研究成果、最佳实践和失败经验，各参与方可以避免重复劳动，加快技术进步的步伐。

2. 公众参与与意识提升的策略

公众的参与和意识提升是实现绿色供热转型的另一关键环节。首先，政府需要组织教育和宣传活动提高公众对绿色供热和可持续能源的认识。这包括在学校、社区和媒体上进行相关主题的教育和讨论，以及展示绿色供热技术的实际应用案例。其次，政府鼓励公众直接参与到绿色供热项目的规划和实施中，也可以提高项目的社会接受度和成功率。例如，居民可以参与到供热系统的设计和决策过程中，就能确保系统满足他们的实际需求。

3. 政策制定与执行的优化建议

有效的政策支持是推动绿色供热发展的另一重要因素。政策制定者应该考虑到绿色供热项目的多方面影响，并制定全面的支持措施。这包括提供财政补贴、税收优惠和技术研发资金支持，以降低绿色供热项目的初始投资和运营成本。同时，政策制定还应考虑到长期的市场激励机制的构建，如碳交易和可再生能源证书，以鼓励企业和个人投资绿色供热技术的有关项目。此外，政策的执行和监管也至关重要，政府需要确保政策措施可以得到有效实施，并对项目的进展和效果进行定期评估。

参考文献

[1] 孙方田. 水热型地热大温差集中供热工程 [M]. 北京：中国建材工业出版社，2021.

[2] 达西亚. 生物能源：上 [M]. 艾莉，李桂英，韩粉霞，等译. 北京：中国三峡出版社，2018.

[3] 王新雷，徐彤. 可再生能源供热理论与实践 [M]. 北京：中国环境科学出版社，2015.

[4] 李善化. 集中供热设计手册 [M]. 北京：中国电力出版社，1996.

[5] 朱亚杰. 能源词典 [M]. 北京：中国石化出版社，1992.

[6] 黄勇. 科学魅力：宝贵的能源 [M]. 北京：兵器工业出版社，2013.

[7] 陈凯，史红亮. 清洁能源发展研究 [M]. 上海：上海财经大学出版社，2009.

[8] 赵靖，朱能. 建筑环境与能源工程技术标准概论 [M]. 天津：天津大学出版社，2022.

[9] 王敬东，李昌烟，于启斋. 千言万语话能源 [M]. 济南：山东文艺出版社，2000.

[10] 孔祥应. 能源与环境保护 [M]. 北京：中国科学技术出版社，1991.

[11] 程屾. 可再生能源供热制冷新技术 [M]. 北京：中国纺织出版社，2021.

[12] 胡润青. 可再生能源供热市场和政策研究 [M]. 北京：中国环境出版社，2016.

[13] 孙如军，卫江红. 太阳能热利用技术 [M]. 北京：冶金工业出版社，2019.

[14] 王新雷，徐彤. 可再生能源供热理论与实践 [M]. 北京：中国环境科学出版社，2015.

[15] 孙如军，卫江红. 太阳能热利用技术 [M]. 北京：冶金工业出版社，2017.

[16] 赵钦新，康子晋，张蕾，等. 供热锅炉选型及招标投标指南 [M]. 北京：中国标准出版社，2004.

[17] 赵亮. 天然气供热项目绿色投资效率评价研究 [J]. 中国物价，2023（10）：86-89，93.

[18] 位亚男. 2023西部（兰州）绿色建筑装饰材料及清洁能源暖通供热展览会暨西部（兰州）绿色建博会召开 [J]. 中国会展，2023（11）：20.

[19] 马玲，刘芮.新能源新未来 [N].中国石化报，2022-11-21（8）.

[20] 王冰洁，王洋.告别大烟囱，今年 15 台供热锅炉 "煤改气" [N].青岛日报，2022-03-10（7）.

[21] 王宁.多能协同低碳清洁助推宁夏绿色供热高质量发展 [N].华兴时报，2021-12-08（3）.

[22] 任秀霞.绿色能源在供热锅炉中的应用分析 [J].化工设计通讯，2021，47（10）：148-149.

[23] 张真真，浦龙梅，胡洁.基于绿色智能的集中供热系统节能技术分析 [J].建筑技术开发，2021，48（10）：157-158.

[24] 陈向国.绿色、智慧为宗旨聚焦京津冀智慧供热发展："2021 绿色城市与智慧供热技术创新大会" 成功召开 [J].节能与环保，2021（5）：18-21.

[25] 张敏.河南省工业园区发电供热设施绿色低碳协同减排效果评估 [D].郑州：郑州大学，2021.

[26] 赵佳悦，赵海彦.煤矿风井绿色能源供热解决方案 [J].能源技术与管理，2019，44（5）：15-17，40.

[27] 赵翰晨.浅谈绿色能源在供热锅炉中的应用 [J].科技风，2019（18）：133.

[28] 刘婉冰.创新方法实现清洁供热绿色规划 [J].前进论坛，2019（5）：31.

[29] 知心冷暖共守蓝天：记合肥热电全力打造绿色供热 [J].环境保护，2018，46（21）：82-83.

[30] 张译心.严寒地区高层宾馆类建筑供热系统的绿色建筑节能设计 [J].科学技术创新，2017（25）：181-182.

[31] 第三届中丹绿色能源供热高峰论坛在北京顺利召开 [J].区域供热，2016（5）：89.

[32] 冯为为.用能效领跑者之力引领首都绿色供热新常态 [J].节能与环保，2016（2）：38-39.

[33] 北京热力：绿色、低碳、智能化的能源供热企业 [J].煤气与热力，2015，35（8）：49.

[34].北京热力：绿色、低碳、智能化的能源供热企业 [J].煤气与热力，2014，34（10）：50.

[35] 北京热力：绿色、低碳、智能化的能源供热企业 [J].煤气与热力，2014，34（5）：50.

[36] 李沛峰 . 基于绿色供热的热电联产低温直供模式研究 [D]. 北京： 华北电力大学，2015.

[37] 江艺宝 . 多重不确定性下区域综合能源系统协同优化运行研究 [D]. 杭州： 浙江大学，2020.

[38] 许抗吾 . 多种清洁能源协同互补的大温差集中供热系统研究 [D]. 秦皇岛： 燕山大学，2020.

[39] 高耀岜 . 火电机组灵活运行控制关键技术研究 [D]. 北京： 华北电力大学，2019.

[40] 辛禾 . 考虑多能互补的清洁能源协同优化调度及效益均衡研究 [D]. 北京： 华北电力大学，2019.

[41] 张萌 . 京津冀供热能源协同利用研究 [D]. 北京： 首都经济贸易大学，2016.

[42] 任日照 . 基于热流波动特性太阳能供热系统储热装置的设计 [D]. 兰州： 兰州理工大学，2023.

[43] 白学祥，曾鸣，李源非，等 . 区域能源供给网络热电协同规划模型与算法 [J]. 电力系统保护与控制，2017，45（5）： 65-72.

[44] 孙永康 . 不同建筑太阳能供热系统特点及设计注意事项 [J]. 内江科技，2023，44（7）： 19-20.

[45] 陈晨，孙雅辉，李以通，等 . 基于 Trnsys 的村镇建筑太阳能和地源热泵复合供热系统仿真优化 [J]. 节能，2023，42（3）： 1-6.

[46] 王鹏，石尔，单增卓嘎，等 . 基于太阳能的北方农村建筑供热系统分析 [J]. 西藏科技，2023（3）： 14-19.

[47] 刘艳峰，穆婷，罗西，等 . 光照资源富集区太阳能集中供热系统容量配置及热网管径协同设计优化研究 [J]. 太阳能学报，2023，44（1）： 85-93.

[48] 牛保柱 . 耦合太阳能供热的集中热网系统构架与技术经济评价研究 [D]. 杭州： 浙江大学，2023.

[49] 王开亭，李小斌，张红娜，等 . 集中供热系统中应用湍流减阻剂的节能减排综合性能评价 [J]. 综合智慧能源，2022，44（9）： 40-50.

[50] 唐雨菲 . 基于 TRNSYS 的太阳能 - 空气源热泵供热系统地区和负荷适应性研究 [D]. 广州： 广东工业大学，2022.

[51] 张威，史娇阳，魏岩，等 . 槽式集热器结合相变蓄热太阳能供热系统设计 [J]. 煤气与热力，2022，42（6）： 1-4.

[52] 田昊洋. 重庆村镇建筑适宜供暖空调技术研究 [D]. 重庆： 重庆大学，2022.

[53] 郝宝如. 基于储热调控的太阳能区域供热供冷系统优化配置 [D]. 北京： 北京建筑大学，2022.

[54] 张超. 青海地区太阳能供暖对乡村厕所热环境改善效果研究 [D]. 秦皇岛： 燕山大学，2022.

[55] 丁泽宇. 太阳能辅助供热机组热电联供系统优化设计与调峰特性研究 [D]. 北京： 华北电力大学，2022.

[56] 吴克. 户用太阳能集热系统工质过热特性及潜在挥发量估算方法研究 [D]. 西安： 西安建筑科技大学，2022.

[57] 申小杭. 太阳能集热器与热源塔热泵复合系统供热性能研究 [D]. 长沙： 湖南大学，2022.

[58] 高文学，杨林，王艳，等. 太阳能、 热泵辅助燃气供热系统实验研究 [J]. 热科学与技术，2022，21（1）： 76-82.

[59] 左超. 太阳能集中供热的热负荷预测分析与研究 [D]. 兰州： 兰州交通大学，2021.

[60] 宋炳奇. 多源复合供热系统在严寒地区实验研究 [D]. 长春： 长春工程学院，2021.

[61] 王登甲，祁婷，陈耀文，等. 吸收式热泵驱动太阳能集热场耦合集中供热性能研究 [J]. 太阳能学报，2021，42（11）： 129-136.

[62] 张博，高晓红，吕宝传，等. 基于模糊 PID 的太阳能供热控制系统设计和仿真 [J]. 信息技术与信息化，2021（7）： 161-163.

[63] 陶元庆，董岁具. 生物质能供热研究分析 [J]. 河南科技，2023，42（19）： 55-59.

[64] 王波，于光林，王超，等. 中国生物质供热市场评估及发展政策建议 [J]. 中国能源，2020，42（12）： 21-24，31.

[65] 孔维一. 基于生物质燃烧的烟气型吸收式热泵供热技术研究 [D]. 沈阳： 沈阳工业大学，2020.

[66] 孙嘉明. 生物质热解—太阳能集热耦合供热系统研发与试验 [D]. 咸阳： 西北农林科技大学，2019.

[67] 高飞. 基于太阳能、 生物质能德州地区农村供热方案 [C]//. 中国市政工程华北设计研究总院有限公司. 2019 供热工程建设与高效运行研讨会论文集 （上）.

中国市政工程华北设计研究总院有限公司 ：《煤气与热力》 杂志社有限公司，2019 ： 641–643.

[68] 宋宏升 . 分布式生物质直燃供热技术在新疆生产建设兵团地区应用的可行性分析 [J]. 分布式能源，2018，3（5）： 54–58.

[69] 国家力推生物质新能源供热能源结构重新洗牌 [J]. 资源节约与环保，2018（2）： 11.

[70] 国家发改委、 能源局印发 《关于促进生物质能供热发展的指导意见》[J]. 中国电力教育，2017（12）： 6.

[71] 张国英 . 生物质能在集中供热项目中的有效利用 ： 以浙江临安板桥镇的集中供热项目为例 [J]. 科技风，2016（21）： 1–3.

[72] 刘可以，秦楚林，倪龙 . 基于 “4E” 体系的生物质锅炉供热可行性评价 [J]. 建筑技术开发，2016，43（2）： 28–30.

[73] 聂飞 . 生物质能供热烘烤应用技术面市 [N]. 中国能源报，2015–08–17（22）.

[74] 我国将实施生物质成型燃料锅炉供热工程 [J]. 化学工程师，2015，29（4）： 80.

[75] 治污还应大力发展生物质供热 [J]. 广西节能，2014（4）： 32.

[76] 王新宇 . 新型扰动式智能远程生物质能供热终端系统应用技术创新 [J]. 资源节约与环保，2014（11）： 3–4.

[77] 孙家晨 . 北京市生物质能供热发展概况 [J]. 区域供热，2014（5）： 74–77，82.

[78] 戴丽 . 生物质供热将 “逆袭” 得到大力发展 [J]. 节能与环保，2014（8）： 40–41.

[79] 小聂 . 国家能源局环保部发布 《关于开展生物质成型燃料锅炉供热示范项目建设的通知》[J]. 中国设备工程，2014（8）： 2.

[80] 于萍 . 生物质能用于城镇区域供热能源的优化配置技术研究 [D]. 哈尔滨 ： 哈尔滨工业大学，2014.

[81] 蒋光银，侯书林，赵立欣，等 . 仿真软件在生物质能—太阳能互补供热系统中适用性探讨 [J]. 中国农机化学报，2013，34（5）： 93–98.

[82] 李宁 . 生物质锅炉辅助太阳能供热采暖系统的研究 [D]. 西安 ： 西安建筑科技大学，2012.